U0323466

自酿啤酒入门指南

自酿啤酒入门指南

[英] 格雷格·休斯　著
李锋　译
崔云前　审校

中国轻工业出版社

Penguin Random House

A Dorling Kindersley Book
www.dk.com

图书在版编目（CIP）数据

自酿啤酒入门指南/（英）休斯著；李锋译. —北京：中国轻工业出版社，2017.5
ISBN 978-7-5184-0302-8

Ⅰ.①自… Ⅱ.①休… ②李… Ⅲ.①啤酒酿造—指南 Ⅳ.① TS262.5-62

中国版本图书馆CIP数据核字（2016）第038800号

责任编辑：江　娟
策划编辑：江　娟　　责任终审：唐是雯
封面设计：奇文云海　版式设计：锋尚设计
责任校对：晋　洁　　责任监印：张　可

出版发行：中国轻工业出版社
（北京东长安街6号，邮编：100740）
印　　刷：鸿博昊天科技有限公司
经　　销：各地新华书店
版　　次：2017年5月第1版
印　　次：2017年5月第1版第2次印刷
开　　本：720×1000　1/16　　印张：14
字　　数：132千字
书　　号：ISBN 978-7-5184-0302-8
定　　价：88.00元
邮购电话：010-65241695　传真：65128352
发行电话：010-85119835　85119793
传　　真：85113293
网　　址：http://www.chlip.com.cn
Email：club@chlip.com.cn
如发现图书残缺请直接与我社邮购联系调换
170246S1C102ZYW

目　录

序 言

毫无疑问，自己酿造啤酒并享受这个劳动成果，是最令人愉悦的消遣方式之一。

我从事啤酒酿造业正是出于对自酿啤酒的浓厚兴趣。当我还是一个小男孩的时候，我就对与啤酒及其酿造有关的一切事物非常着迷，也许这是受到那位曾做过当地一家啤酒厂首席酿酒师的祖父的感染，虽然我从未见过他。在家庭汽车旅行的途中，我会记录沿途的每一家酒馆，并写下那些印在酒馆指示牌上的啤酒厂名。当我开始自己酿造啤酒时，我试图再现这些啤酒厂酿造的啤酒，并让我的配方尽量接近原始配方。在每一次酿造中，我都会学到新的方法，并做出细微的调整。我也曾常常犯错，当然这本书可以帮助我避免这些错误，但是即使是失误，也会带来意想不到的惊喜。比如，我酿造的第一杯金色啤酒就是在制作深色啤酒时忘记添加水晶麦芽的产物。

33年前，我酿造了自己的第一桶啤酒，今天，我依旧初心不改。当你准备自己酿造啤酒时，不管你是使用麦芽浸出物，还是采用更为复杂的手段，你都能获得同样的兴奋感，特别是经过发酵和后贮的耐心等待，一切“水到渠成”，终于可以一品自酿的美酒。

在家中自酿啤酒是相当简单且很有成就感的事。通过一套整洁的操作方法，精细的温度控制和新鲜的原料，你也可以酿造出毫不逊色于（即使不能超越的话）专业酿酒商所酿造的啤酒。你甚至会决定尝试再现那些多年未曾商业生产而被遗弃的啤酒类型。可以肯定的是，拥有如此多品种的啤酒花、麦芽以及可利用的酵母菌株，对于不同啤酒风味的尝试是无穷无尽的。

酿造那些独特且奇妙的啤酒给我带来了简简单单的快乐，也经常驱使着我的工作不断前进。所以，不论你酿造啤酒是为了自我享用，还是为了获得他人的赞誉，我希望本书可以帮助你像我一样，在酿造中获得足够的快乐。

永无止境

基思·博特（Keith Bott）

独立啤酒商协会主席

格雷格的寄语

如果你喜欢喝啤酒，那么在家自酿啤酒简直就是相当完美的享受。你不但可以在酿造美味啤酒中获得满足感，还有机会制作出任何你中意的啤酒类型，其中有些还没有机会获得商业化生产。

有趣，俭省，易上手

自酿啤酒相当容易，只需花在商店里买啤酒的钱就可以实现。当然，你可能偶尔也希望将省下来的钱用于再投资，比如买一套新的酿造设备。不过即便如此，你仍然可以实现收支平衡，对于这样一个充满快乐和满足感的嗜好，也是相当不错的回报。正如其经济实惠一样，自酿啤酒也是一种可以分享的兴趣，因为有大量的美味成果可供周围人一起享用。事实上，你酿造的啤酒远远超过你可以饮用的数量，所以嘛，酿得越多，快乐也越多。

自酿原则

通过设备酿造啤酒不会比准备现成的食品难上多少，但却更加让人有成就感。花最小的精力，通过发酵可以获得一桶相当可口、别致的啤酒。

许多自酿者沉醉于这个过程，如果你正在阅读本书，你可以发现更多与之相关的东西。你会惊喜地发现，只要多付出一点努力，酿造出专业定制的啤酒将有无限的可能。

采用麦芽浸出物酿造

在自酿之路上的下一步是用麦芽浸出物酿造啤酒。这仍然是相对简单的环节，只需极少的设备，但这一步却允许你尝试使用多种原料，帮助你获得信心。根据一种配方用多种原料来酿造啤酒，从中获得满足感，也让最终的产品增色不少。比如，使用新鲜酒花，就可以让酿造出来的啤酒品质与众不同。

精益求精

虽然迟早有一天，你会想要尝试全麦芽（或全谷物）酿造——自酿啤酒中的“圣杯”。但是全麦芽酿造需要花费更多时间去钻研和实践，所以你应该将其视为不断追求的目标。同时，随着你不断打磨、提升你的技术，你的酿造品质会得到持续不断的改进。更为重要的是，你将有能力获得稳定的优良品质，并酿造出预期的啤酒。

探索新知

你也许听过不少关于自酿啤酒的糟糕故事，包括酒瓶爆炸，喝坏肚子，或者因为过往的失败经验而迟迟难以下手。的确，酒瓶可能会爆炸，但是如果你严格遵循说明行事，则不大可能发生。同样，啤酒也不太可能会让你生病，因为酒精会杀死绝大部分细菌。今天，自酿所需原料的品质已得到极大改善，也比以往更易获取了，同时也有相当多的资料、建议和帮助随手可得。

补充几句

在这本书中，我试图面面俱到，所以在细节上难免遗漏。比如，整本书有写到酵母，或者某一种风味啤酒的酿造方法，但是我相信在专攻某一领域之前，最好先掌握最基本的技术和方法。本书中的配方涵盖了各种主流的啤酒，所以你可以找到适合你自己的拉格、爱尔、小麦啤酒或者混合口味。有些配方比起其他要更难操作，你不妨视其为一种自我挑战。

在所有手工制作中，你投入和付出得越多，所获得的结果也会越好，所以即使你没有次次顺利，也无需担心，因为你酿造的啤酒依然十分可口。

我希望读者可以享受自己酿造啤酒的过程，并发现书中配方的心动和奇妙之处。自酿啤酒是最棒的嗜好之一，我相信，即使多年过去，你也会不忘初心。

格雷格·休斯

（Greg Hughes）

导　言

酿酒简史

啤酒工业有着悠久而精彩的历史，它可以追溯到数千年前——从古代的美索不达米亚平原到现在世界范围内流行的家庭酿酒。

公元前7000年

美索不达米亚平原（今伊拉克地区）的游牧狩猎者们种植一种古老的谷物，被认为是早期用来酿酒的原料。在中国贾湖遗址出土的新石器时期的陶罐碎片上，也追踪到了酒精饮料的成分。

公元822年

来自法国北部科尔比的本笃会修道院的阿博特·亚达尔海德（Abbot Adalhard）编写了一系列管理修道院的法规条例，其中就有提到要收集充足的酒花制作啤酒——这是第一次有文字记载酒花与啤酒的联系。

新鲜的酒花球果

1100~1200年

在德国北部，开始了商业酒花的种植，随后开始了酒花的出口。

大麦

1516年

啤酒纯粹法在德国巴伐利亚地区制定。它标明只有大麦、酒花和纯净水才是酿酒的原料。直到1906年它才被推广到德国其他地区。

1710年

英格兰国会为了确保酒花税的征收，禁止人们使用苦味剂来替代酒花。由此导致在西方国家，酒花成为啤酒唯一的苦味剂。

公元前7000年	公元前4300年	公元822年	1040年	1100~1200年	1412年	1516年	1587年	1710年

公元前4300年

该时期巴比伦的泥版上详细地记录了用谷物制作酒精饮料的方法。

1040年

第一家商业酿酒厂在德国巴伐利亚地区的唯森修道院建立，使得发酵工艺成为修道士的商业运作。

中世纪时期的欧洲，啤酒成为最受欢迎的饮料。因为它在发酵前煮沸，在当时大部分水源都不干净的情形下，它是安全的一次性水合作用产物。而且啤酒所含的热量也使得它成为重要的营养来源。

1412年

最早有记载的用酒花酿造的啤酒在英格兰酿成。

添加酒花的英国爱尔啤酒

“酿酒师”——来自16世纪的木版画

1587年

北美弗吉尼亚州的殖民者酿造出第一批啤酒（这些啤酒最后被运回英国）。

1810年

在德国慕尼黑，为了庆祝皇储路德维希（Ludwig）的婚礼，举行了盛大的节日庆典，此后便有了著名的“十月啤酒节”。

传统的德国陶质啤酒杯

1857年

法国化学家路易·巴斯德（Louis Pasteur）发现酵母能够发酵产酒精。这一发现使得啤酒酿造者能够控制发酵，从而提高啤酒的品质。

酿酒干酵母

酒花藤

20世纪50年代

在英国，暑假有很多家庭，超过一万人，都离开伦敦去肯特的酒花地里采摘啤酒花，供给当地的啤酒商。

1971年

英国记者米歇尔·哈德曼（Michael Hardman）讨论为饮酒者建立一个消费者组织，该组织就是“真正爱尔运动”的前身。

真正爱尔啤酒品脱杯

20世纪90年代至今

自酿啤酒帝国开始急速扩张，全套相关工具和原料出现在市场上。现在，自酿啤酒又重新流行起来。2012年，英国生产商Muntons销售了50万余套工具，是2007年的两倍。

自酿盒

1810年 | 1842年 | 1857年 | 1919年 | 20世纪50年代 | 1963年 | 1971年 | 1979年 | 20世纪90年代至今

1919年

美国宪法第十八次修正案标志着禁酒令的开始，宣布销售、生产和运输酒类（包括自酿啤酒）是违法行为。

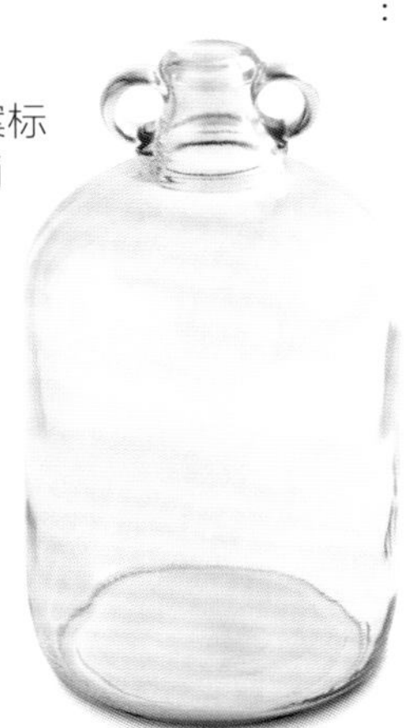
自酿玻璃发酵容器

1963年

英国政客雷吉·马奥德林（Reggie Maudling）提高了自酿啤酒的税收，同时取消了需要申请许可证才能生产的规定，由此导致了自酿啤酒的繁荣和广受欢迎。

自酿瓶和盖

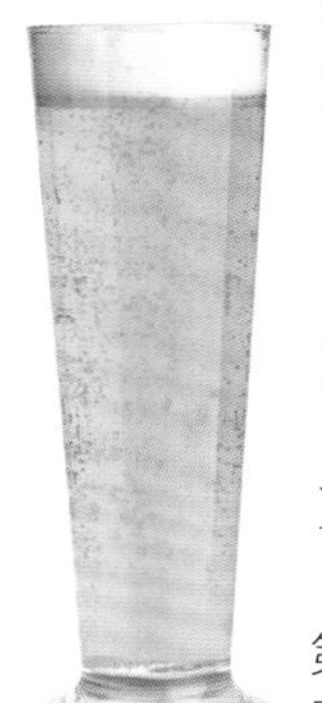

比尔森啤酒杯

1842年

在波西米亚的比尔森，第一杯金黄色啤酒诞生了，它现在成为了全世界流行的一种啤酒。

1979年

在废除美国于1933年提出的禁酒令后，多亏了克兰斯顿·比尔（Cranston Bill），自酿啤酒最终合法化。

精酿革命

全球的啤酒市场仍然由大的啤酒商所主导，但是近几年一批生产精酿啤酒的手工啤酒商数量有所增加。

在加拿大安大略省就有70家精酿啤酒商，2007—2010年，该省精酿啤酒的销量翻了一倍。

2012年，在英国，Muntons销售了50万套自酿啤酒盒。每年英国都新增50家微型啤酒商；2012年，英国有1000家70余年历史的酿酒商；2009年以来，伊尔克利微型啤酒商在约克郡北部的销量翻了五倍。

2012年美国精酿啤酒的产量增长了15%（与全美啤酒市场1%的增长率对比），97%的啤酒商被划分为精酿啤酒商，约100万的美国人自己酿啤酒。

在墨西哥有40家精酿啤酒商，虽然市场份额小，但是增长显著。

2010年，捷克人均
费132升啤酒，被
为是世界上最热衷
饮用啤酒的国度。

2011年，法国精酿啤酒协会生产了8200万升啤酒。

2011年，全球啤酒销售额是3230亿英镑，估计2016年销售额会上升至3863亿英镑。

2016年前，中国的啤酒销售额占全球销售额的40%。

2010年，中国销售了408.9亿升啤酒——远远超过其他国家。

目前日本有200家精酿啤酒商。

2011年，澳大利亚西部弗里曼特尔的精酿啤酒商，销售额增长了25%。

什么是精酿啤酒?

精酿啤酒是规模小且独立的啤酒商使用上好的原料和传统的方法生产出来的啤酒。精酿啤酒酿造者和工业化啤酒生产者相比，更专业，更专注于啤酒生产的细节。他们没有销售总监下达的巨大的市场预算，所以他们能更自由地生产小批量、天然碳酸化且无化学添加剂的啤酒，这些是大规模啤酒生产商做不到的，因为这样做很难获利。

酿造过程

啤酒酿造的过程是将淀粉（通常为已制成麦芽的谷类作物）浸泡在水中，添加酒花以获取苦味、风味以及香气，再通过酵母使麦汁发酵。

1. 准备

因为任何意外出现的细菌都会破坏酿造过程，所以与啤酒接触的设备必须彻底清洗和消毒（参见第46~47页）。可以使用消毒剂和瓶刷进行清洁。

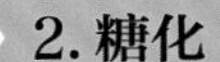

2. 糖化

糖化过程（参见第59页）就是将发芽谷物中的淀粉转换成可发酵糖。这些谷物浸泡在热水（并非沸水）中，可以产生一种叫麦汁的甜味液体。

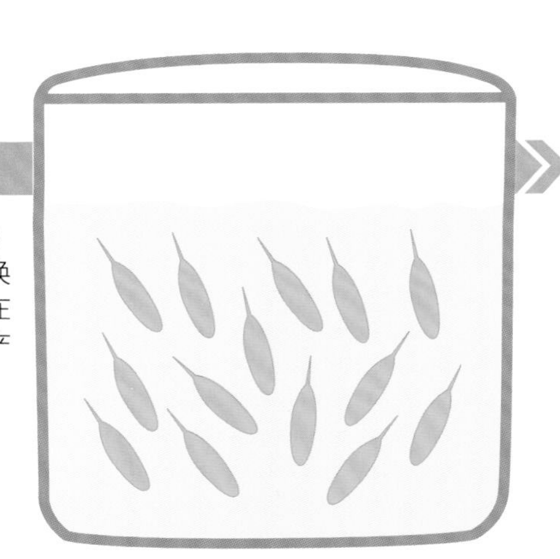

6. 发酵

冷却好的麦汁需要转移到发酵桶中，投入或添加酵母（参见第62~63页）。发酵桶装上气塞后闭合起来，麦汁在特定的温度下发酵一周左右。在此期间，麦汁中的糖分会转化成酒精。

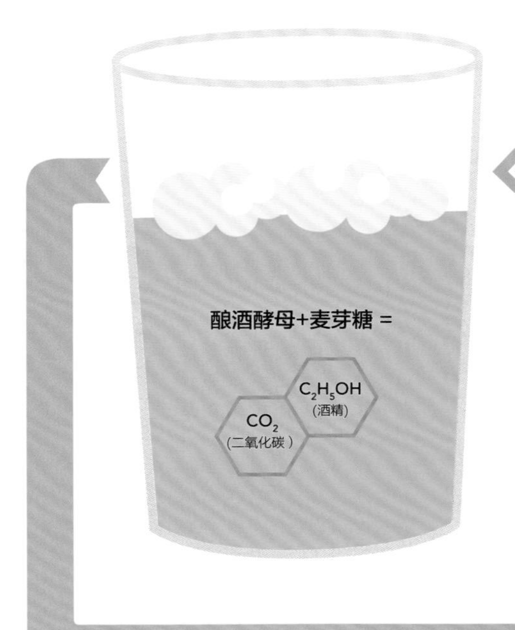

7. 加入发酵糖并倒罐

一旦发酵结束，加入发酵糖以使啤酒后熟，并饱和二氧化碳。然后将啤酒倒罐（或转移）至存储容器中，比如酒桶或酒瓶，等待啤酒后熟。

3. 洗糟

洗糟（参见第60页）是用水喷射到谷物表面，将可发酵糖冲洗下来，并从糖化桶中流出，从而将甜麦汁转移到煮沸桶中。

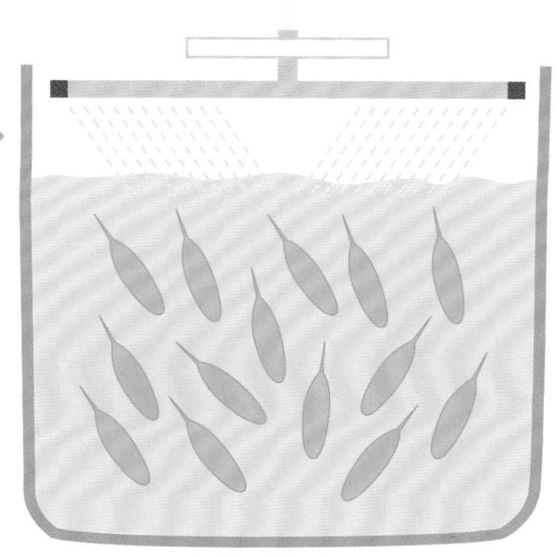

4. 煮沸

然后将麦汁小火煮沸一个小时或更长时间，并分批次添加酒花。这个阶段可以给麦汁杀菌，并让酒花释放苦味、风味和香气。

5. 冷却

煮沸后，麦汁需要冷却至适合发酵的温度（大约20°C）。如果麦汁过热，酵母细胞会在添加时被杀死。同时，快速冷却也可以降低细菌污染以及啤酒出现异味的概率。

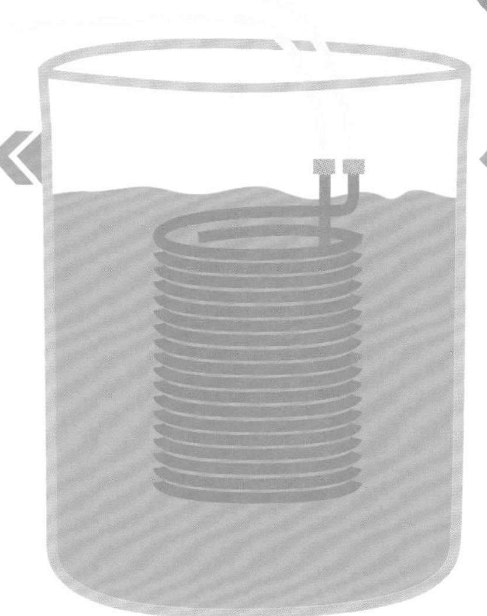

8. 后熟

根据啤酒风格和特定配方的不同，啤酒需要在指定温度下放置至少两周进行后熟。这个过程可以使啤酒澄清，并使风味成熟。

9. 品尝

啤酒后熟后，就可以准备饮用了。二次添加的糖会增加起泡，但如果啤酒口感过于单调，可以换到暖和的地方放几天，然后再品尝。如果啤酒口感太强烈的话，可在倒酒前先冷却一下。

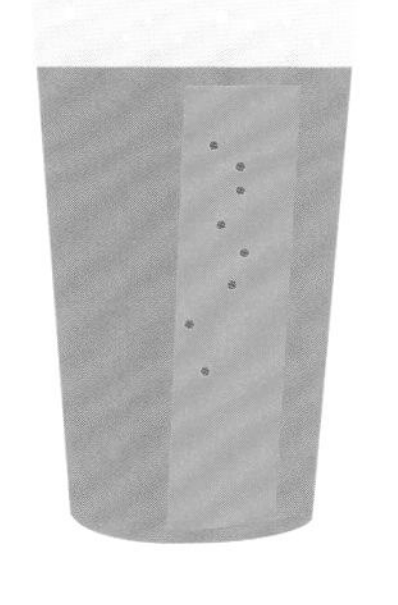

准备原料

麦芽

麦芽是可发芽的谷物，制备麦芽的过程称为制麦。在制麦过程中可以产生酶，将谷物中的淀粉转化成可发酵糖。

大麦是啤酒酿造中制造麦芽最常见的谷物。它有较高的天然酶含量，所以获得大量可发酵糖的机会大。此外，已发芽小麦和黑麦也在酿造中得到广泛使用。

根据麦秆上谷粒排列的不同，大麦分为三种：二棱大麦、四棱大麦和六棱大麦。其中二棱大麦使用最多，因为它蛋白质含量低，可以产生更多的可发酵糖。

制麦过程

麦芽在麦芽作坊或麦芽室一类的建筑中进行制作。在这里，先将谷物浸泡在水中，使其吸收水分并开始发芽。当根部足够大时，将谷物置于暖风中晾干，阻止其进一步生长。然后通过不断“翻滚”以去除根部。

烘烤麦芽

一旦根部去除完毕，谷物需要经过烘烤以获得不同种类的麦芽——烘烤温度越高，麦芽颜色越深，口味也越强烈。轻度烘烤的麦芽酶活力（糖化力）高，在糖化（参见第59页）过程中，与热水混合后，可以产生大量可发酵糖。另一方面，如果重度烘烤，则酶活力低，几乎不产生可发酵糖。通过这些麦芽，可以使啤酒获得不同的色泽、风味和香气。

地板发芽法

一般来说，谷物浸泡后，会平铺在麦芽作坊的地板上晾干。然后用大耙子翻动谷物，避免滋生霉菌，同时使谷物彻底晾干。20世纪40年代，工业设备的改进提高了制麦的效率，可以生产出大量的麦芽。今天，传统的工艺仍然用来生产品质最好的麦芽，不过这种机会已经很少，因为通过这种方法生产的麦芽过于昂贵，并不适合商业啤酒生产。

麦芽粉碎

制麦过程获得的是整颗麦芽粒，在糖化前需要粉碎（粉碎可以有效地将酶转化成可发酵糖）。大多数自酿啤酒供应商们会出售已粉碎的麦芽，以方便使用，但如果你愿意，也可以购买完整的谷物，然后自己去粉碎。这个过程很复杂，也很费时间，但可以保证你使用的是最新鲜的谷物。一旦粉碎完，将它们储藏在密封的容器中，可以保存数月之久。

整麦芽粒

色谱卡

麦芽的颜色，成品啤酒的色泽，有三种国际认可的标准可供测量：欧洲啤酒协会标准（EBC，本书配方中使用的标准），标准参考方法（SRM），以及罗维朋色标度（° L，由约瑟夫·威廉·罗维朋于1883年制定的原始标准）。SRM与罗维朋色标度大体相当，EBC可由SRM乘以1.97进行换算。

色度			
EBC	4	6	8
SRM/°L	2	3	4
啤酒类型	淡色拉格啤酒	白啤酒（德式）	白啤酒（比利时风格）

基础麦芽

这些轻微烘烤过的麦芽，是啤酒配方中谷物清单的主力，提供大多数可发酵糖。

浅色基础麦芽

使用比尔森基础麦芽和拉格基础麦芽来酿造各种淡色拉格啤酒和爱尔啤酒。用诸如马丽斯·奥特（Maris Otter）和翡翠鸟（Halcyon）品种的淡色基础麦芽，来酿造其他爱尔啤酒和深色啤酒。

烤制基础麦芽

轻度烤制的基础麦芽，比如慕尼黑和维也纳品种，可以产生浓郁的麦芽味，以及大量的可发酵糖。

小麦麦芽

除了可以获得可发酵糖，小麦也产生蛋白质，可以获得丰富的泡沫层，给啤酒带来朦胧感。小麦在很难糖化。

黑麦麦芽

与大麦或小麦相比，黑麦麦芽并不常见，你可以使用黑麦给啤酒增添点辛辣感。和小麦一样，黑麦同样很难糖化，所以少量使用即可。

浅色基础麦芽

小麦麦芽

特种麦芽

这些麦芽经过特别烘烤，在糖化时少量使用，以增加风味、颜色和香味。与基础麦芽不同，它们可提供的可发酵糖相当少。

焦糖麦芽

焦糖麦芽也称水晶麦芽，有一系列可供使用的焦糖麦芽，每种烤制的温度都不同。它们可以给啤酒带来蜂蜜味、焦糖味以及太妃糖味。

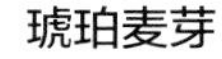

琥珀麦芽

一种浅色、干燥、饼干味的烤制麦芽，琥珀麦芽可以使爱尔啤酒和波特啤酒呈深琥珀色。少量使用即可。

烘烤麦芽

烘烤麦芽只有少量或几乎没有可发酵糖，但可以提供复杂的色泽、风味和香气。

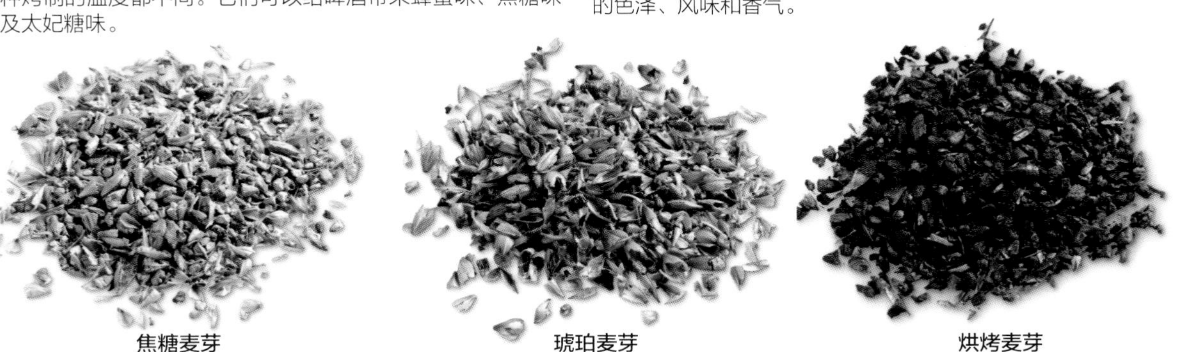

焦糖麦芽　琥珀麦芽　烘烤麦芽

12	16	20	26	33	39	47	57	69	79	138
6	8	10	13	17	20	24	29	35	40	70
比利时金色爱尔啤酒	蜂蜜爱尔啤酒	淡色爱尔啤酒		淡味麦芽啤酒			黑色拉格啤酒		咖啡世涛啤酒	沙俄帝国世涛啤酒

辅料与糖（附表）

对于某些啤酒而言，酿造时需要使用谷物来作为辅料以及另外的可发酵糖，而不是用已发芽的大麦。这些辅料和糖都可以给啤酒带来特别的风味。

烘烤小麦

这种未经发芽的小麦，经过轻微烘烤后，碾成薄片状。它可以给啤酒增添特别的小麦味，并带来丰富的泡沫层。

斯佩尔特小麦

作为小麦的近亲，斯佩尔特小麦是一种可发芽谷物，可以带来宜人的芳香和味道。不过它气味强烈，少量使用即可。

大米片

作为美式和日式淡色拉格啤酒中广泛使用且性价比高的辅料，大米片可以产生特别清爽的干啤，且风味极清淡。

烘烤大麦

这是一种颜色较深的未发芽谷物，与烘烤麦芽近似（参见第23页），但苦味较淡。它可以带来咖啡风味，所以特别适合世涛啤酒和波特啤酒。

燕麦片

因为它不需要事先加工，所以比起整颗燕麦和碎燕麦，更易于使用。它可以增添柔滑顺口的奶油味，主要用于世涛啤酒和波特啤酒。

玉米片

玉米片是最常用的辅料之一。它用于酿造略带玉米味的清淡啤酒，回味中性。

麦芽浸出物

这是从已发芽的大麦（参见第22~23页）中提取的浓缩状可发酵糖。水合后，可以与啤酒花一同煮沸，产生可发酵的麦汁，或者像糖一样煮沸，以提高原麦汁浓度，也可以在二次发酵时添加（参见第66页）。

麦芽浸出物在空气或湿气中暴露一段时间后，容易氧化，所以使用很新鲜的麦芽浸出物对于酿造而言至关重要。一旦开封，应用密封容器在冰箱中储藏起来，保持干燥，以延缓变质的速度。

固态麦芽浸出物（DME）

固态麦芽浸出物呈粉末状，所以也称麦芽粉，它是通过加热甜麦汁，并喷射在高大的加热装置中来获取。水滴干燥后，经过快速冷却，使其固态化，落在地板上后就可以收集起来。使用DME时，先用少量冷水再次水合，然后与啤酒花一起煮沸，就可以获得可发酵的麦汁。

液态麦芽浸出物（LME）

这种糖浆状的物质，是通过加热甜麦汁，蒸发掉其中部分（并非全部）水分来获取。加热可以使麦芽颜色稍微变深，在酿造时，经过煮沸，颜色会越来越深。如果在配方中用LME替换DME，可以用1.2kg的液态麦芽浸出物替代1kg的固态麦芽浸出物。

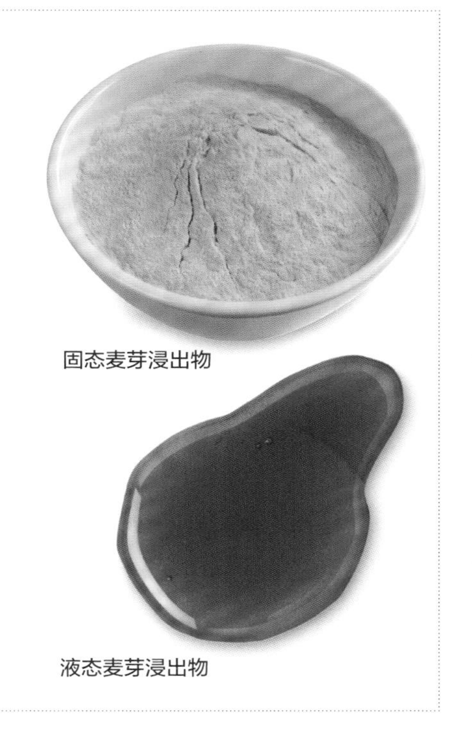

固态麦芽浸出物

液态麦芽浸出物

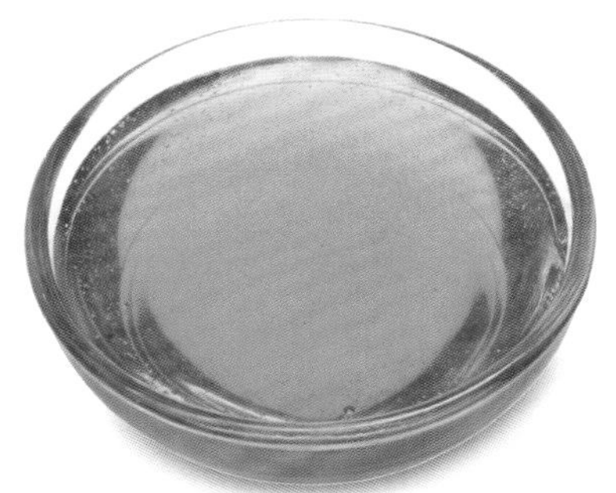

凯蒂糖

凯蒂糖常用于比利时啤酒中，在不增加酒体的情况下，提高酒精含量。凯蒂糖有深色或浅色可供选择，决定口味的浓烈程度。

蜂蜜

蜂蜜中的大多数糖是可发酵的，可以酿造出无甜味但有明显蜂蜜味的啤酒。蜂蜜中含有野生菌，所以请在煮沸快结束时添加，以进行杀菌。

糖蜜/糖浆

糖蜜也称糖饴，这种深色液态糖可以带来混有朗姆酒般的味道。少量使用就可使高度爱尔啤酒更加浓烈。

一览表（麦芽、辅料及糖）					
名称	类型	描述	色度（EBC）	能否糖化?	最大添加量
酸麦芽	已发芽谷物	可降低拉格啤酒糖化时的pH，少量使用即可	3	✓	10%
琥珀麦芽浸出物（固体状和液体状）	已发芽谷物	在麦芽浸出物酿造配方中使用，以加深色泽	30	✗	100%
琥珀麦芽	已发芽谷物	释放深琥珀色和饼干味	65	✓	10%
香麦芽	已发芽谷物	增加浓郁的麦芽风味，与深色慕尼黑麦芽相似	150	✓	10%
大麦壳	辅料	帮助糖化时麦汁流出，但不会产生可发酵糖	N/A	✗	10%
饼干麦芽	已发芽谷物	增加饼干风味和色泽	50	✗	10%
黑色麦芽	已发芽谷物	给深色啤酒增加风味和色泽，给淡色啤酒增加色泽	1280	✗	10%
波西米亚比尔森麦芽	已发芽谷物	颜色很浅的麦芽，需进行间歇式糖化（参见第59页）	2	✓	100%
棕色麦芽	已发芽谷物	增加强烈的类似面包的味道，颜色介于琥珀麦芽和巧克力麦芽之间	105	✓	10%
冰糖（淡色和深色）	糖	可获取更多可发酵糖，加深色泽，风味独特	N/A	✗	20%
琥珀焦糖麦芽	已发芽谷物	促使酒体饱满，并让琥珀啤酒和深色啤酒呈深红色	70	✗	20%
深焦糖麦芽	已发芽谷物	使某些德国啤酒风味更加醇厚	25	✗	15%
慕尼黑焦糖麦芽	已发芽谷物	将金色拉格啤酒和爱尔啤酒的风味和香气提升至棕色拉格啤酒和爱尔啤酒	200	✗	15%
棕红色麦芽	已发芽谷物	增加多种啤酒的酒体和麦芽味	50	✗	10%
焦糖黑麦芽	已发芽谷物	带来黑麦风味，呈悦目的棕色	150	✗	15%
焦糖小麦麦芽	已发芽谷物	促使酒体饱满，增添小麦芳香，加深色泽	100	✗	15%
焙烤特种麦芽	已发芽谷物	给深色啤酒增加色泽和香气，黑色麦芽和烘烤大麦的替换品	800~1500	✗	5%
比尔森焦糖麦芽	已发芽谷物	颜色很浅的水晶麦芽，在不加深色泽的情况下，增加酒体和风味	5	✗	20%
巧克力麦芽	已发芽谷物	给深色啤酒增加色泽和香气，也可用于淡色爱尔啤酒中	800	✗	10%
玉米糖	已发芽谷物	在增加风味或香气的情况下，用来增加啤酒浓度	0	✗	5%
水晶麦芽	已发芽谷物	有一系列色泽可供选择，增添轻微的焦糖色和焦糖风味	60~400	✗	20%
深色麦芽浸出物（固体状和液体状）	麦芽浸出物	用来增加浓度和色泽	40	✗	100%
特浅固体麦芽浸出物	麦芽浸出物	颜色最浅的麦芽膏，用于颜色很浅的啤酒	5	✗	20%

续表

名称	类型	描述	色度（EBC）	能否糖化?	最大添加量
大麦片	辅料	增加颗粒感，提升世涛啤酒和波特啤酒的泡沫	4	✓	20%
玉米片	辅料	可获取更多的可发酵糖，且几乎不改变色泽和增加风味	2	✓	40%
燕麦片	辅料	在燕麦世涛啤酒中少量使用	2	✓	10%
大米片	辅料	在不改变色泽或风味的情况下，获得酒体	2	✓	20%
蜂蜜	糖	增添带有明显蜂蜜味的口感	2	✗	100%
拉格麦芽	已发芽谷物	淡色基础麦芽，用于色泽很浅的爱尔啤酒	4	✓	100%
淡色麦芽浸出物（固体状和液体状）	已发芽谷物	淡色麦芽浸出物，在大多麦芽浸出物酿造配方中用于增加麦汁浓度	10	✗	100%
枫糖浆	糖	增加明显的枫糖味	70	✗	10%
蛋白黑素麦芽	已发芽谷物	使风味厚实，增加色泽和麦芽味	40	✓	15%
淡味爱尔麦芽	已发芽谷物	用于棕色爱尔啤酒和淡味啤酒，可释放额外的风味	10	✓	100%
慕尼黑麦芽	已发芽谷物	与维也纳麦芽相似，但烘烤感略重，以增加更多麦芽味	20	✓	50%
淡色麦芽	已发芽谷物	作为大多数爱尔啤酒的基础麦芽	5	✓	100%
泥煤熏制麦芽	已发芽谷物	一种重度熏烤的麦芽	3	✓	20%
比尔森麦芽	已发芽谷物	与拉格麦芽相似，但通常用二棱大麦（参见第22页）制成	3	✓	100%
烘烤大麦	辅料	增加烘烤的坚果味，呈深红色至深棕色	1000	✗	10%
烘烤小麦	辅料	使深色小麦啤酒呈深棕色	900	✓	10%
黑麦麦芽	已发芽谷物	用于增加黑麦风味，有香料味	10	✓	50%
烟熏麦芽	已发芽谷物	用榉木熏制，给烟熏啤酒增加明显的熏烤味	18	✓	100%
特种B级麦芽	已发芽谷物	增加深焦糖色和风味	250	✓	10%
斯佩尔特麦芽	已发芽谷物	释放斯佩尔特香气	5	✓	20%
烘干小麦	辅料	用于小麦啤酒中，增加爱尔啤酒的泡沫和风味	4	✓	40%
维克多麦芽	已发芽谷物	使啤酒呈橙色，并具有坚果风味	50	✓	15%
维也纳麦芽	已发芽谷物	用于淡色琥珀啤酒，增加色泽和风味	8	✓	50%
小麦麦芽浸出物（固体状和液体状）	麦芽浸出物	用于麦芽浸出物酿造的小麦啤酒中，并帮助其他类型啤酒形成泡沫层	16	✗	100%

酒花（附表）

酒花是雌性酒花株的松果状花蕾，是与大麻同属一科的爬藤植物。它们经过干燥处理后，添加到啤酒中以获取苦味、风味和香气，同时兼具杀菌功效。

酒花原产于北美洲、欧洲和亚洲，于11世纪开始应用于啤酒酿造中。酒花的应用，取代了诸如蒲公英、金盏花和石楠花一样的苦味草本植物，并使啤酒少了点类似腐败的味道。

今天，基于获得高产且抗病的植物的广泛种植计划，全世界已有超过100种不同类型的酒花在种植。主产区在美国、新西兰、英国、德国、捷克、中国、波兰以及澳大利亚。

种植与收获

啤酒花适宜于垂直生长，所以需要架杆来种植，高度可达6m。收获时降低架杆高度，方便从藤蔓最高处摘取啤酒花蕾。一些矮小的种类也会种植，但是只有大量种植才能获得相同的收成。

一般来说，啤酒花需要人工采摘。由于收获时需要大量人手，所以啤酒花采摘已经成为一项社会活动。比如，在英格兰，全家齐动员，乘坐特定火车或巴士从乡村和城镇赶赴啤酒花种植区，住在临时搭建的棚屋里，耗时数周来采摘啤酒花。今天，啤酒花已经可以使用机械来采摘和干燥，但是酒花的收获季节依然令人兴奋，因为许多啤酒生产商会用新鲜且未干燥的啤酒花酿造啤酒，以庆祝新的收成。

鲜酒花球果

酒花的藤蔓被架杆，以利于垂直生长，同时可以在收获时降低高度，以便于采摘。

苦型和香型的酒花

酒花需要在煮沸（参见第61页）的不同阶段进行添加，以决定啤酒的最终特色。煮沸开始阶段添加的酒花会释放苦味，用以平衡酒精味，并让啤酒更加爽口。稍后添加的酒花，特别是在沸腾前30分钟添加的，会释放风味和香气。可以根据啤酒特色的不同，逐量投放。

另一种从酒花中获取香气和风味的方法是被称为“热浸法”的传统手段，在煮沸前，将酒花投入糖化（参见第59页）所得的麦汁中。通过浸泡酒花，可以使其氧化，释放α酸到麦汁中，而不让其流失掉。在一些意外测试中，采用此法酿出的啤酒，苦味爽口，香气迷人，所以值得一试。

历史上，酒花分为苦型和香型两种。然而在今天，出现了越来越多的可同时添加苦味和香气的酒花，我们称其为两用型酒花（双重酒花）。

α酸与β酸

酒花的树脂中含有α酸与β酸，在酿造过程具有很重要的作用。

- α酸释放苦味，并有抗菌效用。酒花中的α酸值的高低可用百分比来表示，数值越高，可释放的苦味越高。α酸不溶于水，需提前加热。煮的时间越长，α酸越多，啤酒的苦味也越棒。
- β酸释放香气，且无需加热。它们含有易挥发的精油，会随沸腾的蒸汽挥发掉，所以最好在煮沸最后几分钟或煮沸一结束时添加。这些微妙的酸也可以在发酵时添加，我们称之为干投酒花。

使用新鲜的酒花

干啤酒花会与光线和空气发生化学反应，并快速变质。因此，它们通常置于避光的真空包装中。未开封的啤酒花可保存大约两年之久，不过一经拆封，与空气接触后，它们就会迅速干枯，其中的精油也会挥发掉。酒花一般都是100g一包，而许多啤酒会同时需要若干种不同的酒花，所以酿造结束后会剩余很多用了一半的酒花。你可以简单密封后冷冻起来，以保持其新鲜，之后直接使用而无需解冻。

根据苦味、风味和香气的不同，在煮沸的不同阶段添加干酒花。

酿造用酒花

新鲜的酒花在使用前需先风干。这样做可以保持并锁住原有的气味。本书配方中所需的整叶干酒花，拥有最天然的香气，不过暴露在空气中后会快速变质。加工好的啤酒花颗粒是常见的替代品，且保存期更久。

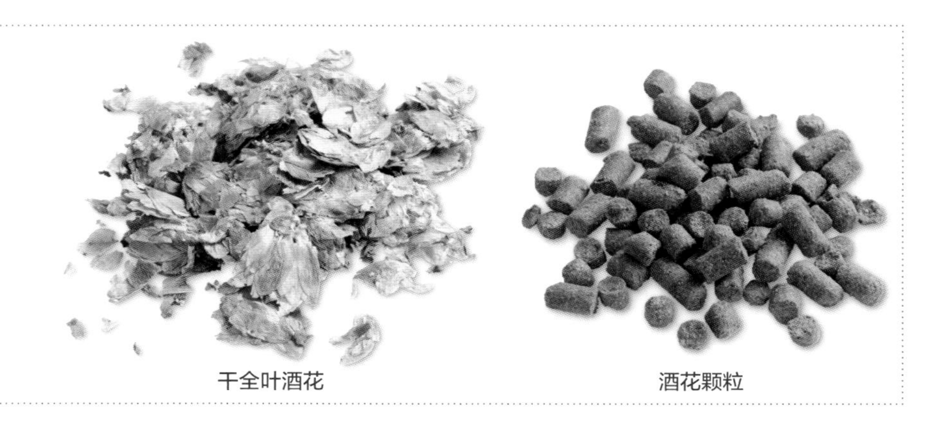

干全叶酒花　　酒花颗粒

一览表（酒花）				
名称	原产地	α 酸范围	特性描述	风味浓度（1最低，10最高）
海军上将	英国	14%~16%	含树脂，柑橘味，橙味	9
阿潭努姆	美国	5%~8%	酒花香，柑橘味，柠檬味	7
阿马里洛	美国	7%~11%	酒花香，柑橘味，橙味	9
阿波罗	美国	15%~19%	含树脂，强烈药草味	8
阿特拉斯	斯洛文尼亚	5%~9%	酒花香，酸橙味，菠萝味	6
欧若拉	斯洛文尼亚	5%~9%	酒花香，酸橙味，菠萝味	6
博贝克（施蒂里亚戈尔丁）	斯洛文尼亚	2%~5%	菠萝味，柠檬味，酒花香	8
十字燕雀	英国	5%~8%	辛辣味，黑加仑味	8
金酿	德国	5%~9%	辛辣味，黑加仑味，柠檬味	8
卡斯卡特	美国/英国/新西兰	5%~9%	荔枝味，酒花香，西柚味	9
西莉亚（施蒂里亚戈尔丁）	斯洛文尼亚	2%~5%	柠檬味，菠萝味，酒花香	8
百周年	美国	7%~12%	柠檬味，药草味，含树脂	9
挑战者	英国	5%~9%	辛辣味，杉木味，绿茶味	7
奇努克	美国	11%~15%	西柚味，柑橘味、菠萝味	9
西楚	美国	11%~14%	芒果味，热带水果味，酸橙味	9
克拉斯特	美国	6%~9%	黑莓味，辛辣味	6
哥伦布	美国	14%~20%	牛奶果冻味，黑胡椒味，甘草味	9
水晶	美国	3%~6%	蜜橘味，柑橘味	6
德尔塔	美国	4%~7%	菠萝味，梨味	5
东肯特戈尔丁	英国	5%~8%	辛辣味，蜂蜜味，泥土味	6
第一桶金	英国	6%~9%	橙味，果酱味，辛辣味	6
富格尔	英国	4%~7%	青草味，薄荷味，泥土味	6
银河	澳大利亚	13%~15%	百香果味，水蜜桃味	8
加利纳	美国	10%~14%	黑加仑味，辛辣味，西柚味	6
戈尔丁	英国	4%~8%	辛辣味，蜂蜜味，泥土味	6
绿色子弹	新西兰	10%~13%	菠萝味，葡萄干味，黑胡椒味	7
赫斯布鲁克	德国	2%~4%	酒花香，药草味	6
利伯蒂	美国	3%~5%	辛辣味，柠檬味，柑橘味	6
中早熟	德国	3%~6%	药草味，酒花香，青草味	6
莫图伊卡	新西兰	5%~8%	柠檬味，酸橙味，酒花香	8
胡德峰	美国	4%~7%	药草味，西柚味	6

续表

名称	原产地	α酸范围	特性描述	风味浓度（1最低，10最高）
尼尔森·萨维	新西兰	10%~13%	醋栗味，西柚味	9
纽波特	美国	13%~17%	杉木味，水果味，药草味	7
北唐	英国	6%~9%	辛辣味，杉木味，菠萝味	7
北酿	德国	5%~9%	辛辣味，酒花香，药草味	6
纳盖特	美国	10%~14%	辛辣味，梨味，桃味	6
太平洋珍宝	新西兰	13%~18%	黑莓味，橡木味，菠萝味	7
太平洋翡翠	新西兰	12%~14%	药草味，柠檬皮味，黑胡椒味	8
帕斯菲克	新西兰	4%~8%	药草味，橙味，柑橘味	6
帕利塞德	美国	6%~10%	柑橘味，黑加仑味，西柚味	7
佩勒	德国	6%~9%	辛辣味，杉木味，橙味	7
旅行者	英国	9%~12%	辛辣味，杉木味，蜂蜜味	6
先锋	英国	9%~12%	杉木味，西柚味，药草味	8
灵伍德荣耀	澳大利亚	9%~12%	杉木味，橡木味，药草味	5
前进	英国	5%~8%	辛辣味，蜂蜜味，青草味	6
里瓦卡	新西兰	5%~8%	西柚味，酸橙味，热带水果味	8
萨兹	捷克	2%~5%	泥土味，药草味，酒花香	5
圣田	美国	4%~7%	药草味，桃味，柠檬味	6
萨温斯基（施蒂里亚戈尔丁）	斯洛文尼亚	2%~4%	柠檬味，酸橙味，泥土味	8
锡姆科	美国	11%~15%	菠萝味，西柚味，百香果味	6
空知王牌	美国	10%~14%	柠檬味，椰子味	7
索夫林	英国	4%~7%	青草味，药草味，泥土味	6
斯派尔特精选	德国	2%~5%	药草味，酒花香，泥土味	5
夏日	澳大利亚	4%~7%	杏仁味，香瓜味	6
萨米特	美国	13%~15%	粉红西柚味，橙味	9
塔吉特	英国	9%~12%	菠萝味，杉木味，甘草味	9
泰特昂	德国	4%~7%	泥土味，药草味，酒花香	5
韦特	新西兰	2%~4%	柑橘味，柠檬味，柠檬皮味	6
瓦卡图	新西兰	7%~10%	香草味，酒花香，酸橙味	7
沃里尔	美国	13%~15%	树脂味，药草味，柠檬味	6
WGA	英国	5%~8%	辛辣味，药草味，泥土味	7
威拉米特	美国	4%~7%	黑加仑味，辛辣味，药草味	6

译者注：很多酒花都是以产地来命名的，这些地方多为传统的酒花产地，如萨兹（Saaz）酒花就来自捷克的萨兹（Saaz）地区。

酵母（附表）

酵母可以将麦芽制成的甜麦汁连同酒花和水变成啤酒。它是一种单细胞生物，也是一种真菌。

使用酵母酿造啤酒已有数千年的历史，但直到17世纪显微镜的发明，酵母的存在才第一次得以记载。在此之前，酿酒师只是让他们的甜麦汁敞开着，在空气中的野生酵母孢子作用下进行发酵。

1857年，法国化学家、微生物学家路易·巴斯德证明了酵母在发酵过程中的关键作用。巴斯德的发现改变了啤酒酿造的工艺，酿酒师们可以更加从容地控制发酵的过程了。

酵母与酿酒

据估计世界上共有1500种酵母存在，但仅有一种适合酿酒——啤酒酵母（*Saccharomyces cerevisiae*）。将这种酵母加入麦汁后，它会以甜麦汁中的糖分及碳水化合物为食物，并排出二氧化碳和乙醇（酒精）作为产物。酵母同时也会带来若干副产物，并影响啤酒的风味和香气，最常见的有酯类、高级醇以及双乙酰。

许多比利时酵母在发酵过程中能产生富含复合水果味的啤酒。

- 酯类是化合物，对风味的形成至关重要，特别是复合的水果香气。它们在许多啤酒中的含量都不同，特别是爱尔啤酒和比利时啤酒。而酯类数量的多少取决于发酵温度，温度越高，数量越多。
- 高级醇是多种醇的混合物，使啤酒具有辛辣刺激的特征。虽然它会出现在很多啤酒风味中，但如果其过于显著的话，则会被视为次品。事实上，杂醇一词在德语中意为“劣等酒”。
- 对于大多数啤酒而言，和高级醇一样，太多双乙酰的存在也会被视为次品，特别是拉格啤酒。虽然多数啤酒都或多或少含有双乙酰，但如果含量过高的话，则会产生强烈的苦味和奶油味。双乙酰通常会在发酵结束后被酵母“清理干净”，所以一旦出现在酿好的啤酒中时，会视为没有发酵好。

上面发酵酵母与下面发酵酵母

酿造中有两种主要的酵母：上面发酵酵母（用于爱尔啤酒）与下面发酵酵母（用于拉格啤酒）。

上面发酵酵母在较高温度下活性最强，通常为16~24℃，发酵时，它们会浮到发酵桶上面，并因此而得名。这种酵母会在较高温度下产生大量复合酯类，带来种类繁多的风味和香气。根据不同风味特色，上面发酵酵母又分为爱尔酵母和小麦酵母。

与之相反，下面发酵酵母在较低温度下活性最佳，通常为7~15℃，发酵时，会沉到发酵桶底部。

这种酵母会使啤酒更加清爽、干净。由于发酵时温度较低，所以与上面发酵酵母相比，它们会产生较少的酯类，但有较多的双乙酰。许多下面发酵酵母都需要“双乙酰休止”（发酵结束时升温数天），以减少双乙酰含量。

絮凝效果与发酵程度

所有酵母都可以用絮凝效果和发酵程度来衡量。絮凝效果用以表示麦汁中悬浮物沉淀的效果，决定啤酒澄清的速度和效率。絮凝效果越好，啤酒澄清的速度越快。发酵中，当颗粒变成悬浮物时，絮凝效果好的酵母需要被搅动唤醒，以使发酵圆满完成。

发酵程度是指酵母对可用糖的发酵效率，通常用百分比来表示，比如，发酵程度为100%时，表示酵母可以将麦汁中的所有糖分都转化成酒精。发酵程度高的酵母一般沉淀效果差，反之亦然。

酵母的二次利用

由于某些酵母价格昂贵，特别是液态形式的酵母（如下图所示），所以不妨加以二次利用。发酵结束后，从发酵桶底收集大约500毫升的沉淀物，用已消毒的容器储存在冰箱中。如果需要在两周内使用，可直接将其投放到麦汁中即可。即使存放时间超过两周，也无需担忧，你只要稍微扩培一下（参见第62~63页）就可以再次使用了。要不然，你就计算好你的酿造日期，这样你就可以将上一批的沉淀物直接用于下一批麦汁中了。

鲜酵母可重复利用3~4次；干酵母不适合二次利用，不过它们也相对便宜。

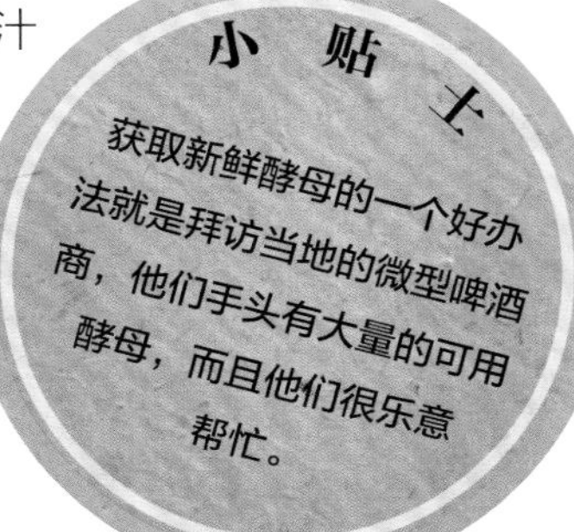

小贴士
获取新鲜酵母的一个好办法就是拜访当地的微型啤酒商，他们手头有大量的可用酵母，而且他们很乐意帮忙。

如果需要使用鲜酵母，你首先要扩培一下，来增加其中活性细胞的数量。

酵母的形态

家庭酿酒有干酵母和鲜酵母（湿酵母）两种形式可供选择。干酵母保质期长，使用简单，但选择余地不大。主要品牌有福蒙蒂斯（Fermentis）和丹斯塔（Danstar）两种。相反的，鲜酵母的选择就多得多了，可以让你酿造出任何你想要的啤酒。然而，鲜酵母保质期短，且需要稍加扩培（参见第62~63页）。W酵母（Wyeast）和怀特实验室（Whitelabs）是主要的品牌。

干酵母　　新鲜液体酵母

一览表（酵母）

新鲜酵母千变万化，因此可利用本表为本书中的一些关键配方寻找可替换的酵母（注意采用干酵母并不精确适用于所有的酿造配方）。

啤酒种类	啤酒名称	鲜酵母		干酵母
		W酵母	怀特实验室	
淡色拉格啤酒	欧洲拉格啤酒	比尔森拉格啤酒酵母2007	德国拉格啤酒酵母830	福蒙蒂斯34/70
淡色拉格啤酒	美国优质拉格啤酒	美国拉格啤酒酵母2035	比尔森啤酒酵母800	福蒙蒂斯34/70
淡色拉格啤酒	多特蒙德出口型啤酒	波西米亚拉格啤酒酵母2124	德国拉格啤酒酵母830	福蒙蒂斯34/70
淡色拉格啤酒	日本大米拉格啤酒	捷克比尔森啤酒酵母2278	比尔森啤酒酵母800	福蒙蒂斯34/70
比尔森啤酒	捷克比尔森啤酒	比尔森源泉啤酒酵母2001	比尔森啤酒酵母800	福蒙蒂斯34/70
比尔森啤酒	德国比尔森啤酒	比尔森拉格啤酒酵母2007	美国拉格啤酒酵母840	福蒙蒂斯34/70
比尔森啤酒	美国比尔森啤酒	美国拉格啤酒酵母2035	美国拉格啤酒酵母840	福蒙蒂斯34/70
琥珀拉格啤酒	维也纳拉格啤酒	波西米亚拉格啤酒酵母2124	德国拉格啤酒酵母830	福蒙蒂斯34/70
琥珀拉格啤酒	十月庆典啤酒	巴伐利亚拉格啤酒酵母2206	十月庆典啤酒酵母820	福蒙蒂斯34/70
博克啤酒	博克淡啤酒	博克淡啤酒酵母2487	德国博克啤酒酵母833	福蒙蒂斯34/70
博克啤酒	双料博克啤酒	波西米亚拉格啤酒酵母2124	德国拉格啤酒酵母830	福蒙蒂斯34/70
博克啤酒	博克冰啤酒	慕尼黑拉格啤酒酵母2308	南德国拉格啤酒酵母838	福蒙蒂斯34/70
深色拉格啤酒	慕尼黑深色啤酒	捷克比尔森啤酒酵母2278	比尔森啤酒酵母800	福蒙蒂斯34/70
深色拉格啤酒	黑色拉格啤酒	丹麦拉格啤酒酵母2042	慕尼黑淡啤酒酵母860	福蒙蒂斯 S23
淡色爱尔啤酒	春季啤酒	泰晤士河谷爱尔啤酒酵母1275	波顿爱尔啤酒酵母023	诺丁汉丹斯塔
淡色爱尔啤酒	丰收淡色爱尔啤酒	美国爱尔啤酒Ⅱ型酵母1272	美国爱尔混合啤酒酵母060	福蒙蒂斯US05
淡色爱尔啤酒	特苦爱尔啤酒	灵伍德爱尔啤酒酵母1187	英国爱尔啤酒酵母005	福蒙蒂斯 S04
淡色爱尔啤酒	淡色爱尔啤酒	灵伍德爱尔啤酒酵母1187	英国爱尔啤酒酵母005	诺丁汉丹斯塔
淡色爱尔啤酒	蜂蜜爱尔啤酒	爱尔兰爱尔啤酒酵母1098	英国干型爱尔啤酒酵母007	诺丁汉丹斯塔

续表

啤酒种类	啤酒名称	鲜酵母		干酵母
		W酵母	怀特实验室	
印度淡色爱尔啤酒	英式印度淡色爱尔啤酒	灵伍德爱尔啤酒酵母1187	英国爱尔啤酒酵母005	福蒙蒂斯US05
印度淡色爱尔啤酒	美式印度淡色爱尔啤酒	美国爱尔啤酒Ⅱ型酵母1272	美国爱尔混合啤酒酵母060	福蒙蒂斯US05
印度淡色爱尔啤酒	黑色印度淡色爱尔啤酒	灵伍德爱尔啤酒酵母1187	英国爱尔啤酒酵母005	福蒙蒂斯US05
苦啤酒	伦敦苦啤酒	伦敦爱尔啤酒Ⅲ型酵母1318	伦敦爱尔啤酒酵母013	福蒙蒂斯 S04
苦啤酒	爱尔兰红色爱尔啤酒	爱尔兰爱尔啤酒酵母1084	爱尔兰爱尔啤酒酵母004	福蒙蒂斯 S33
烈性爱尔啤酒	冬暖啤酒	特苦啤酒酵母1968	英国爱尔啤酒酵母002	福蒙蒂斯 S04
烈性爱尔啤酒	法国卫士啤酒	法国塞森啤酒酵母3711	塞森啤酒Ⅱ型酵母566	N/A
烈性爱尔啤酒	比利时金色爱尔啤酒	比利时烈性啤酒酵母1388	比利时金色爱尔啤酒酵母570	N/A
烈性爱尔啤酒	比利时双料啤酒	比利时白啤酒酵母3944	比利时小麦爱尔啤酒酵母400	福蒙蒂斯 WB06
棕色爱尔啤酒	南方棕色爱尔啤酒	灵伍德爱尔啤酒酵母1187	英国爱尔啤酒酵母005	福蒙蒂斯US05
淡味啤酒	淡味麦芽啤酒	伦敦爱尔啤酒Ⅲ型酵母1318	伦敦啤酒酵母013	福蒙蒂斯US05
大麦啤酒	英国大麦啤酒	伦敦啤酒酵母1028	伦敦啤酒酵母013	福蒙蒂斯S33
大麦啤酒	美国大麦啤酒	美国爱尔啤酒酵母1056	加州爱尔啤酒酵母001	福蒙蒂斯S33
世涛啤酒	干世涛啤酒	爱尔兰爱尔啤酒酵母1084	爱尔兰爱尔啤酒酵母004	福蒙蒂斯US05
波特啤酒	棕色波特啤酒	伦敦爱尔啤酒酵母1028	伦敦啤酒酵母013	福蒙蒂斯US05
白啤酒（德式）	博克小麦啤酒	巴伐利亚小麦啤酒酵母3056	德国小麦啤酒Ⅳ型酵母380	慕尼黑丹斯塔
黑麦啤酒	德式黑麦啤酒	巴伐利亚小麦啤酒酵母3338	德国小麦啤酒Ⅳ型酵母380	福蒙蒂斯WB06
白啤酒（比利时风格）	比利时白啤酒	比利时白啤酒酵母3944	比利时小麦爱尔啤酒酵母400	福蒙蒂斯WB06
深色小麦啤酒	德国深色小麦啤酒	巴伐利亚小麦啤酒酵母3056	德国小麦啤酒Ⅳ型酵母380	福蒙蒂斯WB06
淡色混合啤酒	科隆啤酒	科隆啤酒酵母2565	德国爱尔啤酒酵母029	福蒙蒂斯US05
琥珀混合啤酒	加州康芒啤酒	加州爱尔啤酒酵母2112	旧金山拉格啤酒酵母810	福蒙蒂斯US05

酿造水

作为酿造时使用的液体，水是啤酒的主要成分。因此，水的质量和化学成分，对于啤酒成品具有显著的影响。

水的化学成分取决于其到达水龙头前的旅途。由于雨水（所有的水都始于雨水）会渗入到土壤中，根据其流经岩石的不同，可获得各类矿物质。有些矿物质，比如钙和镁，是可溶于水的。这些可溶解的矿物质称为离子，被水所吸收。那些矿物质含量高的水称为硬水，而矿物质含量低的，特别是那些流经页岩或花岗岩的水，则称为软水。

啤酒风味与水

在人们能够对水进行化学分析之前，啤酒风格常常由当地供水的化学成分所决定。如果希望再现某种特定的啤酒风格，你只有“复制”那个地区的水，才能达到你的目的。例如，捷克比尔森地区（比尔森拉格啤酒的故乡）拥有世界某些最软的水，几乎不含矿物质成分。相反的，在爱尔兰的都柏林（健力士啤酒的发源地，著名的烈性世涛啤酒），水质很硬，其中重碳酸盐和钙的含量很高。硬水pH偏高，会与重度烘烤麦芽的酸度中和后，酿出几乎完美的世涛啤酒。

采用酿造盒与麦芽浸出物酿造

对于酿造盒和麦芽浸出物酿造（参见第54~57页）而言，水的化学成分对于所酿啤酒的影响很小。如果水质好，闻起来不错，应该酿造品质好的啤酒。你唯一需要担心的潜在问题是你的供水商是否加入了过量的氯气或者氯胺，因为这些消毒剂会与

软水
可以酿造浅
色拉格啤酒，口
味清爽、干净。

最好
的世涛啤酒采
用pH较高的硬水
酿造。

酵母发生化学反应，产生不需要的药味（参见下面的“简单水处理”）。

全麦芽酿造法

对于全麦芽酿造（参见第58~61页）而言，水的化学成分就更加重要了。特别是在糖化（参见第59页）时，水的pH（酸性或碱性）会影响麦芽（参见第22~23页）中酶的活性。多数麦芽在pH为5.2时效果最佳（这里，1表示酸性最高，14表示碱性最高）。

稍后，在发酵时，酵母会对麦汁中的糖分进行发酵，所以pH会自然下降。这样的好处是抑制细菌生长。选择正确的pH，也可以帮助获得高品质、澄清透明的啤酒。

水分析

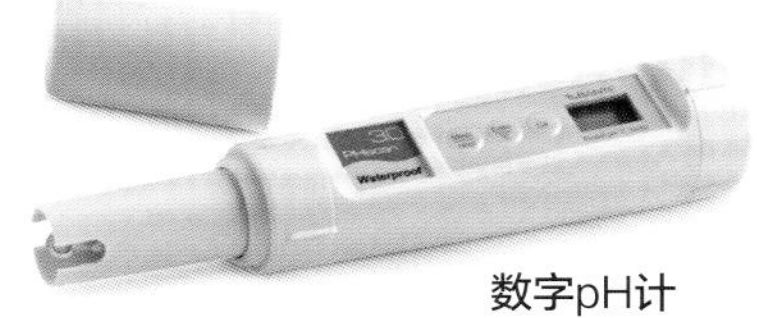

数字pH计

酿酒时，水中的重要离子有钙离子、镁离子、碳酸根离子、钠离子、氯离子和硫酸根离子。你的供水商应该可以提供一份当地供水的化学分析报告。然后你可以根据特定配方的需要，添加硫酸钙（石膏）、硫酸镁或钠来调整pH。计算添加量和调整程度是项复杂的工作，不过网上有几个在线计算器，可以帮助你做出各种计算结果（参见第213页，获取更多信息）。

醪液的pH

使用pH试纸或数字pH计，我们可以测出醪液的pH，然后记录下结果，可以在下一步时调整水的pH。请记住，虽然在模仿某种特定啤酒风格时，掌握全麦芽酿造中水的化学成分是十分有用的，不过，通过简单的准备，你仍然可以酿造很棒的啤酒。

如果你的酿造用水氯气含量偏高，请在使用前煮沸大约30分钟。

简单水处理

假如你使用的水质偏硬，但你希望酿造全麦芽拉格啤酒或者比尔森啤酒这类需要软水的啤酒，你可以将从水龙头放出的水与大量蒸馏水或去离子水（可购买）混合在一起，这样做可以帮助保持合适的酸碱值，避免在啤酒中出现强烈的单宁味。

去除氯气时，你可以将酿酒所需用水静置过夜，或在使用前煮沸30分钟。但是，氯胺不能通过煮沸来去除。同时去除氯气和氯胺的最简便方法是在使用几分钟前，在水中添加压碎的堪普登片（Campden tablets）即可。

对于使用酿造盒和麦芽浸出物的酿造者而言，最需要考虑的就是水中不能出现氯气和氯胺。如果你运气够好，可以从水龙头获得品质很好的水的话，就不要另做处理了。

小贴士

作为处理家用水的替代品，你可以使用瓶装矿泉水。虽然价格不菲，不过瓶装水使用方便，是酿酒的理想用水。

药草、鲜花、水果及香料

药草、鲜花、水果及香料最初用于取代酒花，给啤酒增添风味，并使其免于细菌滋扰，你可以使用这些原料来获取多种惊奇的风味和香气。

豆蔻籽

广泛用于比利时啤酒中，豆蔻可以突出胡荽、孜然和柑橘的风味。煮沸前最后几分钟添加或发酵时放入4天左右。

胡荽子

在白啤酒中与苦橙一同使用最佳，风味独特。煮沸前最后几分钟添加或发酵时放入4天左右。

八角

在比利时啤酒和节日酿酒时添加，可以获得辛辣的甜味。煮沸前最后几分钟添加或发酵时放入4天左右。

桂皮

桂皮可以释放特殊的风味和香气，所以主要用于酒体饱满的深色啤酒中。煮沸前最后几分钟添加或发酵时放入4天左右。

甘草

甘草可以释放特殊的甜味，主要用于节日酿酒和古法啤酒中。煮沸前最后几分钟添加或发酵时放入4天左右。

香草荚

在世涛啤酒和波特啤酒的配方中添加一两根香草荚，可以获得甜味和温热的风味。煮沸前最后几分钟添加或发酵时放入4天左右。

红辣椒

用于墨西哥啤酒和淡色拉格啤酒中，余味略带清爽，并有轻微的灼烧感，同时也常用于酿造新奇的啤酒。于发酵时投入4天左右。

杜松子

金酒中的主要调味品，你同样可以在啤酒中添加杜松子，以获取类似金酒般的风味。煮沸前最后几分钟添加或发酵时放入4天左右。

玫瑰果

可在节日酿酒和烈性啤酒中使用少量玫瑰果。煮沸前最后几分钟添加或发酵时放入4天左右。

接骨木果

在酿酒中广为应用，可以增加波特啤酒般的风味，特别适合烈性啤酒和夏季啤酒。少量使用，并于发酵时放入4天左右。

接骨木花

大量用于夏季啤酒中，接骨木花气味强烈，所以少量使用即可。煮沸前最后几分钟添加或发酵时放入4天左右。

卡菲尔酸橙叶

带有辛辣的气味，也有着清新的柑橘味。煮沸前最后几分钟添加或发酵时放入4天左右。

草莓

在淡色啤酒和拉格啤酒中使用一些草莓，可以获得淡淡的甜味。发酵时放入4天左右。

覆盆子

覆盆子在比利时小麦啤酒和酸啤酒中效果最佳，可以释放甜甜的水果味。发酵时放入4天左右。

樱桃

广泛用于比利时樱桃啤酒中，樱桃可以调和酒精和苦味。发酵时放入4天左右。

橙皮

在烈性比利时啤酒和节日啤酒中使用甜橙皮，可以获得君度（一种利口酒）般的口感。使用苦橙皮（或者库拉索苦橙皮，原文为Curucao，应为Curacao），可以给比利时啤酒和小麦啤酒增加清爽的橙味，尽管名字看似有苦味，但一点苦味也没有。煮沸前最后几分钟添加或发酵时放入4天左右。

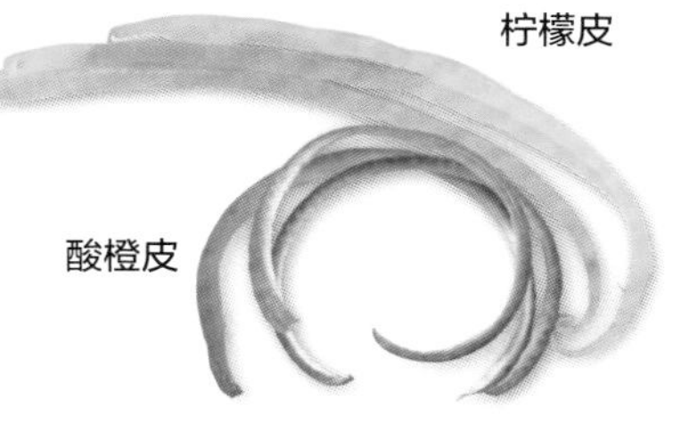

柠檬皮和酸橙皮

柠檬皮适用于淡色爱尔啤酒和淡色夏季啤酒，可以获得清爽的柠檬味。酸橙皮同样适用于淡色爱尔啤酒，可以增添胡荽和柠檬草味，带来清新的感觉。于煮沸前最后几分钟添加或发酵时放入4天左右。

石楠枝

传统来说，石楠枝被用于名为弗拉奇（Fraoch）的苏格兰爱尔啤酒中，可以释放出青草味和薄荷香气。一般来说，会根据苦味的不同，将石楠枝添加到啤酒配方中，以取代啤酒花。煮沸前最后几分钟添加或发酵时放入4天左右。

开始酿造

酿造之前

自酿啤酒是一件赏心悦目并富有成就感的事情。在你动手之前，不妨先考虑好这四项关键因素，以保证你的酿造可以顺利进行。

你希望酿造何种类型的啤酒?

从商业角度来看，你可以在家中复原任何类型的啤酒。不过由于酿造的过程不同，某些类型的啤酒需要额外的设备和更高超的技巧才能完成。如果你还是个新手，不妨从一些相对简单的啤酒配方着手，比如淡色爱尔啤酒（参见第112~130页）、苦啤酒（参见第140~149页）或者世涛啤酒（参见第174~181页）。拉格啤酒（参见第82~107页）通常较难酿造完成，因为它们需要在较低温度下进行发酵和贮藏。如果你准备酿造一款拉格啤酒，先找一台老式冰箱来，并将其与数字温控器（参见第53页）连接起来，这样可以帮助你精确控制温度，以达到最佳效果。

小贴士:

- 动手前，确保你已获得所需的设备及原料。
- 制定清单，列明各阶段的操作明细。
- 购买原料时，干酵母、麦芽浸出物和酿造糖的量要打出富余。这样做可以在出现诸如酵母失效或需要更多的糖时，避免整桶啤酒被浪费掉。
- 酿造所需时间可能超出你的预期，所以不妨提早动手，特别是在你采用全麦芽酿造时。
- 考虑找个朋友一起动手，这样会更加有意思，同时可以帮你分担费用和工作量。
- 在啤酒酿造完成前，不要过早地取样。

不妨选择一款爱尔啤酒开始尝试，它们耗时较短，也易于上手。

与大多爱尔啤酒相比，拉格啤酒对于技巧和设备的要求更高。

你将采取何种酿造方法?

在家酿造啤酒主要有三种方法可供选择：采用酿造盒酿造、麦芽浸出物酿造以及全麦芽酿造（参见第44~45页）。你所选择的酿造方法将决定你在动手前需要何种设备以及原料。

最简单的方法是使用酿造盒。它们非常适合新手，易于上手，且可以酿造出高品质的啤酒。即使你换到更为高级的方法时，也无需担忧，因为酿造盒中的设备同样适用于麦芽浸出物酿造和全麦芽酿造，所以你的投资还是很划算的。

麦芽浸出物酿造同样也比较简单，并且可以让你酿造出种类更多的啤酒。本书中大多配方就是采用此法。

你将在哪里进行酿造?

酿造是项繁琐的活，所以在家中找间合适的房间来操作十分重要。对于大多数人而言，厨房是制作麦汁的绝佳场所，因为这里有新鲜的供水和加热装置，并方便排水。相反的，在麦芽浸出物酿造和全麦芽酿造的配方中，煮沸时会有大量刺鼻的蒸汽产生，所以选择户外则更为明智。

一旦麦汁制作完成，你需要寻找一处合适的地方，让27升的液体在恒定温度下进行发酵，并避免阳光直射。比如，多数爱尔酵母需要温暖的室温条件，所以当你在较冷的场所酿造时，需要准备一个加热器（参见第50页）。

你可以在普通厨用电炉上煮沸你的麦汁。

寻找合适的供应商

如果你正要尝试自酿啤酒，你将需要设备、原料，还有一些有用的建议，所以找到合适的供应商十分重要。如果你足够幸运的话，可以在当地找到一家专业供应商，不妨登门拜访一下。他们中的大多数人将非常乐意为你提供意见。你所寻找的供应商应该可以提供多种酵母（包括液态的）、真空装酒花以及相关设备。

如果你所在区域没有此类商店，那么需有几家在线零售商可以提供设备和原料。如果有需求，他们应该也可以提供建议和帮助。网上论坛是获取小窍门的最佳途径，同时你也可以加入当地的自酿组织，与其他酿造者们一起分享你的经验。

拥有各种各样的原料，你可以尝试酿造出不同种类的啤酒。

酿造三法

在家中酿造啤酒，根据你的期望不同，既可以很简便，也可以很复杂。其中制作麦汁有三种主要的方法，每一种都比上一种更为复杂。

方法一：采用酿造盒酿造

采用酿造盒（参见第54~55页的逐步详解）是最简单的酿造方法。麦汁是去除大部分水分后所获取的小容量、浓缩型的糖浆状液体，并由麦芽制作商预先做好。自酿者将麦汁再次水合后，经过发酵就可以快速制成一整桶啤酒。这种方法仅耗时20~30分钟，且无需专业知识。近些年，专业酿酒商开发出近似于商业啤酒的酿造盒，酿造盒的品质得到极大改进。

优点：

- 可快速准备。
- 容易上手，无需专业知识。
- 仅需基本设备。

缺点：

- 啤酒配方较少。
- 酿造时会失去所有的酒花香气。

方法二：采用麦芽浸出物酿造

使用麦芽浸出物酿造（参见第54~55页的逐步详解）时，需将未浸泡酒花的麦芽浸出物（液态或固态）加入水中，并分批次投入酒花，一同煮沸。将所获取的麦汁冷却后即可发酵。这种方法比酿造盒法更为复杂，并需要额外的设备（参见第48~53页），不过此法在自酿界备受推崇，且可酿造获奖啤酒，因而你会觉得劳有所得，物有所值。

优点：

- 可酿造出多种类型的啤酒。
- 可使用特定的谷物，来获取想要的风味。
- 参与感强，并可增强信心，掌握技巧。

缺点：

- 并非所有麦芽都可以采用此法。
- 由于麦芽浸出物价格不菲，所以此法最为昂贵。
- 需要更多的时间和设备。

方法三：全麦芽酿造

全麦芽酿造，亦称全糖化酿造、全谷物酿造，应用于专业酿酒中。它包括三个关键步骤：糖化、洗糟和煮沸（参见第58~61页的逐步详解）。此法灵活性强，适用于任何类型的啤酒。不过，它对知识、设备、时间和精力的要求也最高，所以并非人人适用。通常来说，一个自酿者只有通过前两种方法积累经验并获取信心后，才能升级到全麦芽酿造。

优点：

- 适用于所有类型的啤酒。
- 可使用最廉价的原料。
- 可完全控制原料的使用过程。
- 可酿造品质最棒的啤酒。

缺点：

- 所需设备最多。
- 需花费若干小时。
- 过程繁琐。
- 容易出错。

三级全麦芽酿造设备

通常全麦芽酿造者需要三个独立的容器：热水桶、糖化锅和煮沸锅，其中热水桶用来加热和储存所有的水（即酿造水）；糖化锅将已发芽的谷物与热水混合在一起，以获取甜麦汁；煮沸锅用来将麦汁与酒花一同煮沸，以杀菌消毒，并增添风味和香气。居家条件下，水和麦汁的流动一般是通过分层装置，借助重力作用来完成。当然你也可以使用协同系统，不过需要一个水泵才能实现。

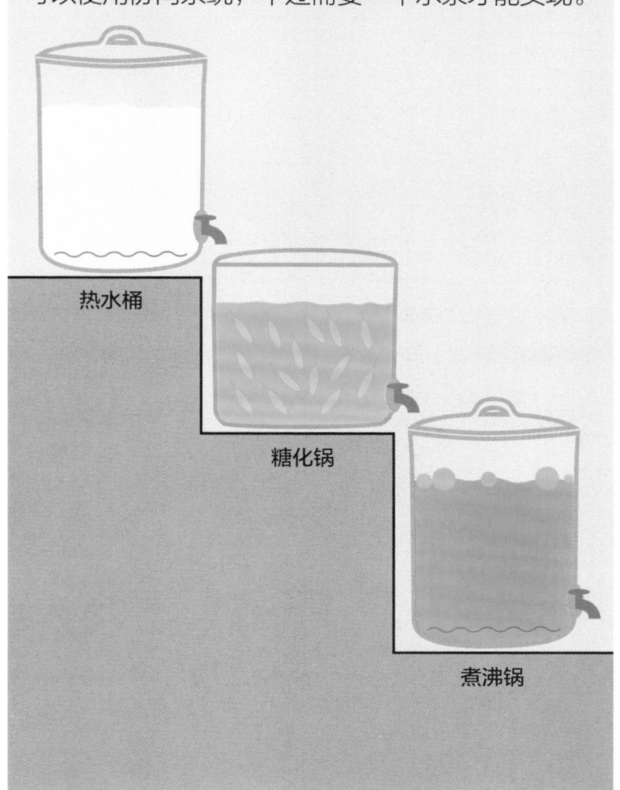

袋式全麦芽酿造法（BIAB）

全麦芽酿造也可以在单独一个加热容器中完成，此法被称为袋式全麦芽酿造法（BIAB）。先将容器中的水加热至糖化所需温度，再将谷物置于袋中，放入水中进行糖化，并于煮沸前取出谷物袋。这种装置价格低廉，过程快捷，与传统全麦芽酿造法相比，操作也更为简单，但是你需要一个足够大的加热容器，而且糖化时谷物中释放可发酵糖的效率也偏低。

卫生的重要性

酿造优质啤酒的关键在于保持卫生环境。事实上，商业酿造商花在卫生清洁和设备消毒上的时间，和酿酒的时间几乎相当。

恶劣的卫生环境是啤酒腐败变质的罪魁祸首。麦汁作为酵母细胞繁殖的理想场所，也是那些不受欢迎的野生菌的绝佳寄居地。一旦啤酒遭到细菌污染，就难以保存下来。良好的卫生环境在炎炎夏日显得格外重要，因为此时通过空气传播细菌的风险最高。

方便起见，可在发酵桶中对设备的小部件进行消毒。

清洗与消毒

良好的卫生环境意味着对所有酿造设备进行彻底的清洗和消毒。请养成用完后立刻清洗设备的习惯，因为在污垢和残渣干涸前清理会相对容易些。同时，也请记住将阀门从容器上取下，认真刷洗上面的螺纹，这里容易藏污纳垢。

一旦清洗完毕，设备需要经过消毒，以杀死所有细菌。煮沸后所有与麦汁接触过的设备都需要消毒，包括量筒、液体比重计、温度计和汤匙。根据你选用的消毒剂（参见右图）的不同，在消毒后进行必要的冲洗。

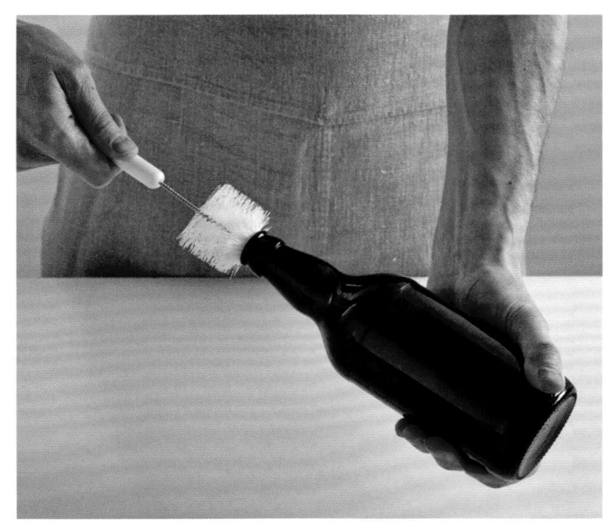

清洗酒瓶

清洗酒瓶是件挺费劲的活儿，特别是当酵母残渣已经在瓶底干涸了（饮用啤酒后立刻刷洗酒瓶，会给你节省大量的时间和精力）。如果酒瓶已经弄得很脏的话，将其用温和的漂白剂浸泡一个小时。然后用瓶刷去除污渍和残渣，清洁后再冲洗干净。

瓶刷

酸性消毒剂

此种消毒剂适用于大多数材质，包括不锈钢在内。酸性消毒剂简单易用且快速有效，通常只需30秒就能完成消毒，事后稍作冲洗即可。事实上，最著名的圣星牌（Star San）是泡沫型产品，消毒后完全不用冲洗。不过，这种消毒剂需要使用pH低于3.5的水（参见第36~37页，获取更多关于水的知识），所以你可能需要蒸馏水。你会发现如果添加消毒剂后，水变浑浊了，表明其pH偏高了。

含氯消毒剂

含氯消毒剂杀菌效果明显，仅需很少的剂量即可。1mL的纯氯溶液可用1000L水来稀释。记住含氯消毒剂不适合浸泡不锈钢容器，因为时间长了会长锈斑。使用完毕，应用热水冲洗干净。

专业含氯消毒剂有液态和粉状两种可供选择。参照各自的产品使用说明，即可轻松上手。

家用漂白剂

常见的氯气来源是家用漂白剂，其中含有大约5%的纯氯。每1L水准备0.5mL的漂白剂溶液，将容器和设备浸泡至少30分钟。对于那些顽固残渣，可使用每1L高达3mL的强性溶液，并整夜浸泡。避免使用带有香味的漂白剂，因为它们会释放异味。

碘类消毒剂

碘伏是最常见的碘类产品，也是非常有效的消毒剂。和氯气一样，如果与碘类产品接触一段时间，会使不锈钢长出锈斑。同时，它们自身的浅棕色，也会让塑料产品染色，虽然不太好看，不过这不算什么问题。

焦亚硫酸钠的说明

虽然一些自酿者会使用焦亚硫酸钠（亦称堪普登片来给他们的设备消杀菌毒，但我们并不推荐这样做。因为这种化学药品并不能有效抑制细菌的生长，并有污染啤酒的风险。

焦亚硫酸钠更适用于苹果酒和葡萄酒的酿造中，这些酒的酸性值更高，焦亚硫酸钠可以产生出二氧化硫（二氧化硫可以有效杀死野生菌）。通常苹果酒和葡萄酒的酒精度数也更高，可以进一步避免出现细菌污染。

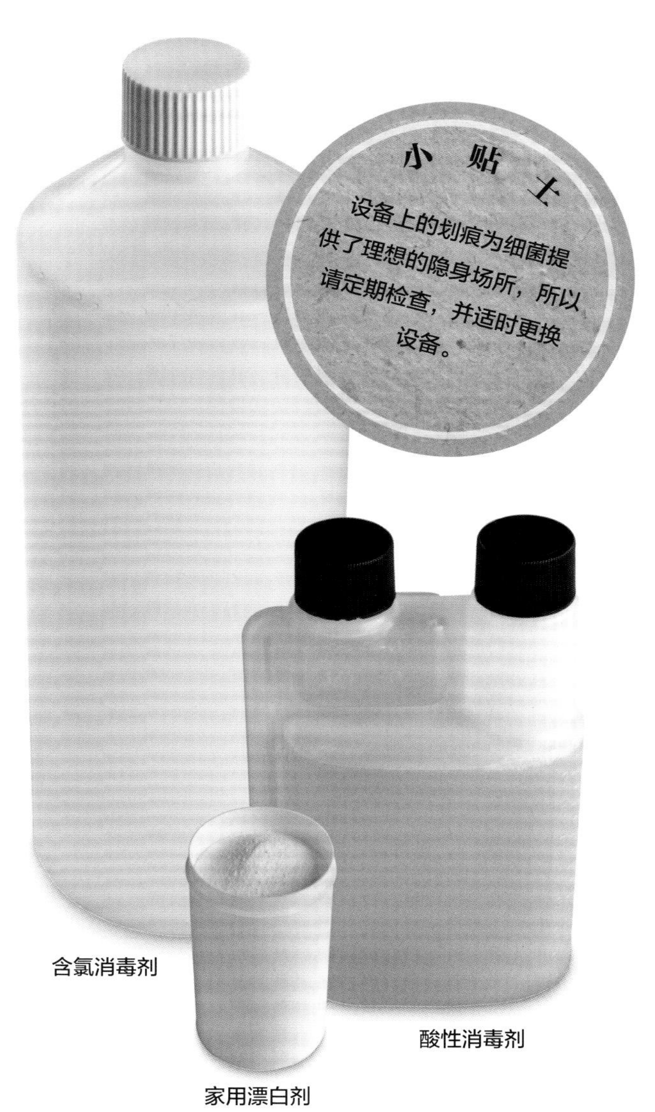

小贴士
设备上的划痕为细菌提供了理想的隐身场所，所以请定期检查，并适时更换设备。

含氯消毒剂

酸性消毒剂

家用漂白剂

酿造设备

自酿啤酒的基本设备价格合理，且同时适用于三种酿造方法。当然与酿造盒法相比，采用麦芽浸出物酿造和全麦芽酿造还需额外的设备。

一览表			
设备名称	酿造盒酿造法	麦芽浸出物酿造法	全麦芽酿造法
发酵桶（参见侧面）	✓	✓	✓
液体比重计与量筒（参见侧面）	✓	✓	✓
虹吸管（参见侧面）	✓	✓	✓
酿酒专用汤匙（参见侧面）	✓	✓	✓
温度计（参见第50页）	✓	✓	✓
贮藏箱（容器）（参见第50页和第68~69页）	✓	✓	✓
开罐器与热水壶（参见第50页）	✓	不适用	不适用
气塞（参见第50页）	可选用	可选用	可选用
加热器（参见第50页）	可选用	可选用	可选用
灌装管（参见第50页）	可选用	可选用	可选用
煮沸锅（参见第51页）	不适用	✓	✓
称重器（参见第51页）	不适用	✓	✓
数字定时器（参见第51页）	不适用	✓	✓
谷物袋（参见第51页）	不适用	可选用	可选用
冷却器（参见第51页）	不适用	可选用	可选用
糖化锅（参见第52页）	不适用	不适用	✓
洗糟臂（参见第52页）	不适用	不适用	✓
热水桶（参见第52页）	不适用	不适用	✓
酒花浸煮器（参见第53页）	不适用	可选用	可选用
锥形瓶（参见第53页）	不适用	可选用	可选用
搅拌器（参见第53页）	不适用	可选用	可选用
啤酒喷枪（参见第53页）	不适用	可选用	可选用
数字温控器与酿造专用冰箱（参见第53页）	不适用	可选用	可选用
酿造软件与应用程序（参见第53页）	不适用	不适用	可选用
数字pH计（参见第53页）	不适用	不适用	可选用
折射仪（参见第53页）	不适用	不适用	可选用

发酵容器

所有自酿者都需要一个合适的发酵容器，用来发酵他们的麦汁，有三种类型可供选择。

■ **塑料桶**

作为最常用的发酵容器，塑料桶价格低廉、持久耐用、易于清洗，并且有多个尺寸可供选择，小到5L，大到210L。有些塑料桶还配有气塞和阀门。

■ **玻璃瓶**

玻璃瓶亦称玻璃坛，这种常见发酵容器的好处在于不易刮伤，也不容易弄脏，也不容易让啤酒染上异味。同时，这种容器还可以在发酵时观察酵母的情况。不过玻璃瓶装满后相当重，且难以清洗。

■ **不锈钢桶**

不锈钢桶十分耐磨，且易于清洗，同时可以避免阳光照射。多数不锈钢桶的底部呈圆锥形，方便麦汁中的酵母沉淀。不过这也是各种容器中最贵的一种。

塑料发酵桶

玻璃瓶

酿酒用不锈钢匙

酿酒专用汤匙

长柄汤匙是将多种原料混合时搅动麦汁的必备品，同时可以在投放酵母前导入氧气。不锈钢汤匙最容易保持洁净，并免于细菌滋扰。

液体比重计与量筒

液体比重计是用来测量液体的具体比重和密度的仪器，它由带有刻度的玻璃柄和一端的受重球状物组成。将其置于啤酒样品（可用量筒收集）中，根据啤酒的比重，悬浮于一定的水平上。由于酒精的密度比糖分低，所以发酵时，液体比重计所在位置更低。分别读取啤酒麦芽汁的原始比重（original gravity，OG）与最终比重（final gravity，FG），你可以决定何时终止发酵，并计算出啤酒的酒精含量（参见第63页，掌握更多关于读取比重数值和计算酒精含量的知识）。

虹吸管

虹吸管可以帮助你从容器顶端转移啤酒，而不用从底部排出，避免触碰到底部的沉淀物。虹吸管和一个长塑料管一样简单，有些类型在一端还有沉淀物捕集器，防止误吸到残渣，并在另一端装有阀门，以控制流速。

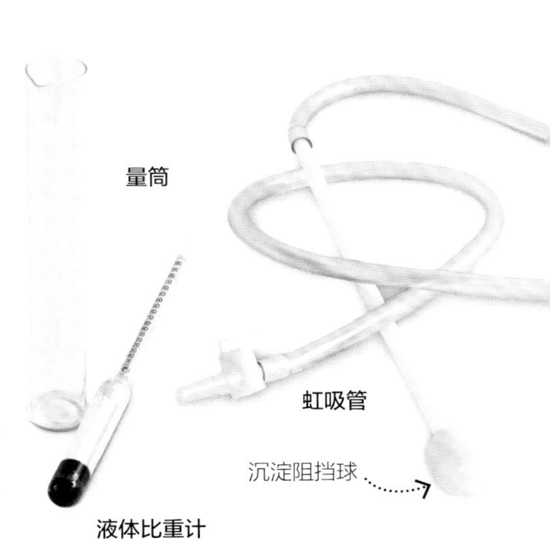

量筒

虹吸管

液体比重计

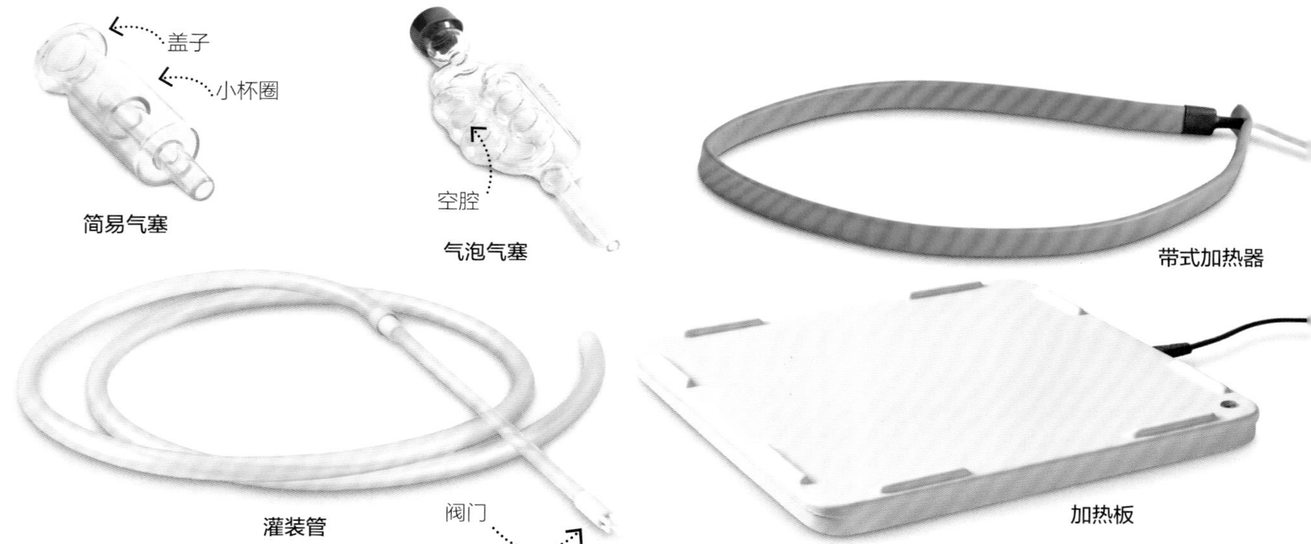

气塞

气塞是用塞子或橡胶环制成的，安装在密封发酵桶上的单向阀门。发酵时，随着气压升高，将桶内的二氧化碳排出，同时阻止麦汁与空气中的细菌接触。有两种类型可供选择。

■ 气泡气塞

亦称封闭囊式气塞，由一连串充满水的封闭囊组成。这些水阻隔了啤酒与空气的接触，但允许二氧化碳以气泡形式排出（意味着发酵开始后，你可以清楚地看见二氧化碳不断排出）。

■ 简易气塞

亦称人工气塞，由一个塑料小杯圈和一个独立的盖子组成。当发酵桶内气压升高时，盖子升起，二氧化碳排出，同时，盖子会停留在杯圈上端，以免细菌闯入。这种气塞较之气泡气塞更易于清洗，因为它的部件可以轻松拆分，然后用小刷子清理干净。

灌装管

灌装管由一个中空管和一端阀门组成。这种设备可以根据需要释放啤酒，同时避免在装瓶时溢出。

加热器

如果发酵场所的气温太低，不妨使用下面这些加热器：

■ 带式加热器

可将其缠到发酵桶上。虽然这种加热器最为廉价，但是你无法调整温度。

■ 加热板

将加热板置于地板上，再将发酵桶放在上面。可加热至超过室温的特定温度。

■ 浸入式加热器

你需要将此加热器浸入麦汁中。虽然价格最贵，但内置的温度调节器可以帮助你精确控制温度。

温度计

所有自酿者都需要一个温度计，方便在发酵时检测麦汁的温度。麦芽浸出物酿造和全麦芽酿造也需要一个温度计，方便测量用于浸渍、糖化和洗糟的水温。有三种类型可供选择：

■ 玻璃温度计

便宜、精确、通用，是最常用的类型。

■ 不干胶温度计

这种液晶温度计可以置于发酵桶外侧，方便随时检测。

■ 数字温度计

这是最方便使用和读取的温度计，但价格也是最贵的。

贮藏箱（容器）

所有酿造者都需要一个（或多个）容器，在啤酒成熟后存储起来，其类型有压力桶、马口铁桶、木桶或者酒瓶（参见第68~69页获取更多关于贮藏的知识）。

开罐器和热水壶

采用酿造盒酿造需要一个开罐器（大多数酿造盒都为罐装）和厨房用热水壶，可以在融化麦芽浸出物时，向发酵桶中添加开水。

采用麦芽浸出物酿造与全麦芽酿造所需的其他设备

煮沸锅

对于麦芽浸出物酿造和全麦芽酿造而言，需要一个容器来给大量的液体加热煮沸。这种煮沸锅可以是塑料的（价格便宜，易于清理），也可以是不锈钢的（耐磨，易于清理），或者搪瓷的（耐磨，不会生锈）。你应该选一个顶部空间足够充裕的煮沸锅，避免沸腾时液体溢出，如煮沸23L的液体就需要容积为30L的容器。热源可以通过内置的电路或独立的煤气灶来提供（大多数厨房里的燃气灶都无法保持旺盛的沸腾状态）。

冷却器

冷却器可以快速有效地冷却大量的热麦汁。快速冷却可以减少细菌侵染的风险，并产生名叫“冷淀物”的物质，在这种物质里，麦汁中的蛋白质凝固起来，并沉到容器底部，使其不易转移到发酵桶中。有两种类型可供选择

■ 浸入式冷却器

浸入式冷却器由一圈圈的铜质或不锈钢管组成，你可以将其浸入热麦汁中。与线圈任意一端相连的管道可以让冷水流入，以帮助冷却。它可以在大约30分钟内将23L的几乎沸腾的麦汁冷却至可发酵温度（大约20℃）。

■ 逆流式冷却器

逆流式冷却器是在一个密封的装置内安装一系列金属板。冷水从装置一侧的管道流进，同时热麦汁从另一侧的管道流入，在中间的金属板进行热量交换，使麦汁冷却下来。逆流式冷却器需要额外的水泵作为辅助，不容易清理，其价格也比浸入式冷却器贵。

不锈钢煮沸锅

塑料煮沸锅

浸入式冷却器

称重器

麦芽浸出物酿造和全麦芽酿造的配方中，你需要称出每一次增添的谷物和酒花的重量。

电子称重器十分灵敏，可以准确测出每次添加的少量酒花的重量。

数字定时器

主要用于提醒你每次添加酒花的时间。

谷物袋

谷物袋可以在浸泡阶段方便地投放和取出特定的谷物。

全麦芽酿造所需的其他设备

糖化锅

糖化桶是糖化（参见第59页）时将谷物浸泡于水中并与其混合的容器。质量上乘的糖化锅具有很好的隔热效果，并在糖化时保持恒温，每90分钟降温不超过1℃。许多糖化锅就是简易的野餐冷却箱装上阀门和谷物滤网而来的，这些材料都可以从酿酒供应商那里买到。相反的，你也可以定制属于自己的冷却箱。与塑料桶相比，不锈钢桶更加耐磨，也更容易保持清洁。

旋转洗糟臂

旋转洗糟臂用来在洗糟阶段冲洗谷物，操作起来就像洒水器一样。它由长臂上带有小孔的不锈钢中空管组成，当水流过时，开始自由旋转，均匀地喷洒到谷物的表面上。支撑杆可以帮助将其固定在糖化桶的顶端。

热水桶

这种容器用来加热和储存发酵液或者水，广泛用于全麦芽酿造的各个阶段，如糖化、喷洒和煮沸（参见第58~61页）。虽然你也可以用煮沸锅（参见第51页）来加热或储存水，但是使用一个独立的容器会更加快捷方便。比如，如果你需要预先处理液体，热水桶就会显得格外有用，因为它可以提前让你准备和储存所有液体。基于此，热水桶的体积应大于煮沸器，不过其加热系统功效不必一样，因为热水桶只是将水加热至糖化和喷洒所需的温度，并不需要沸腾。

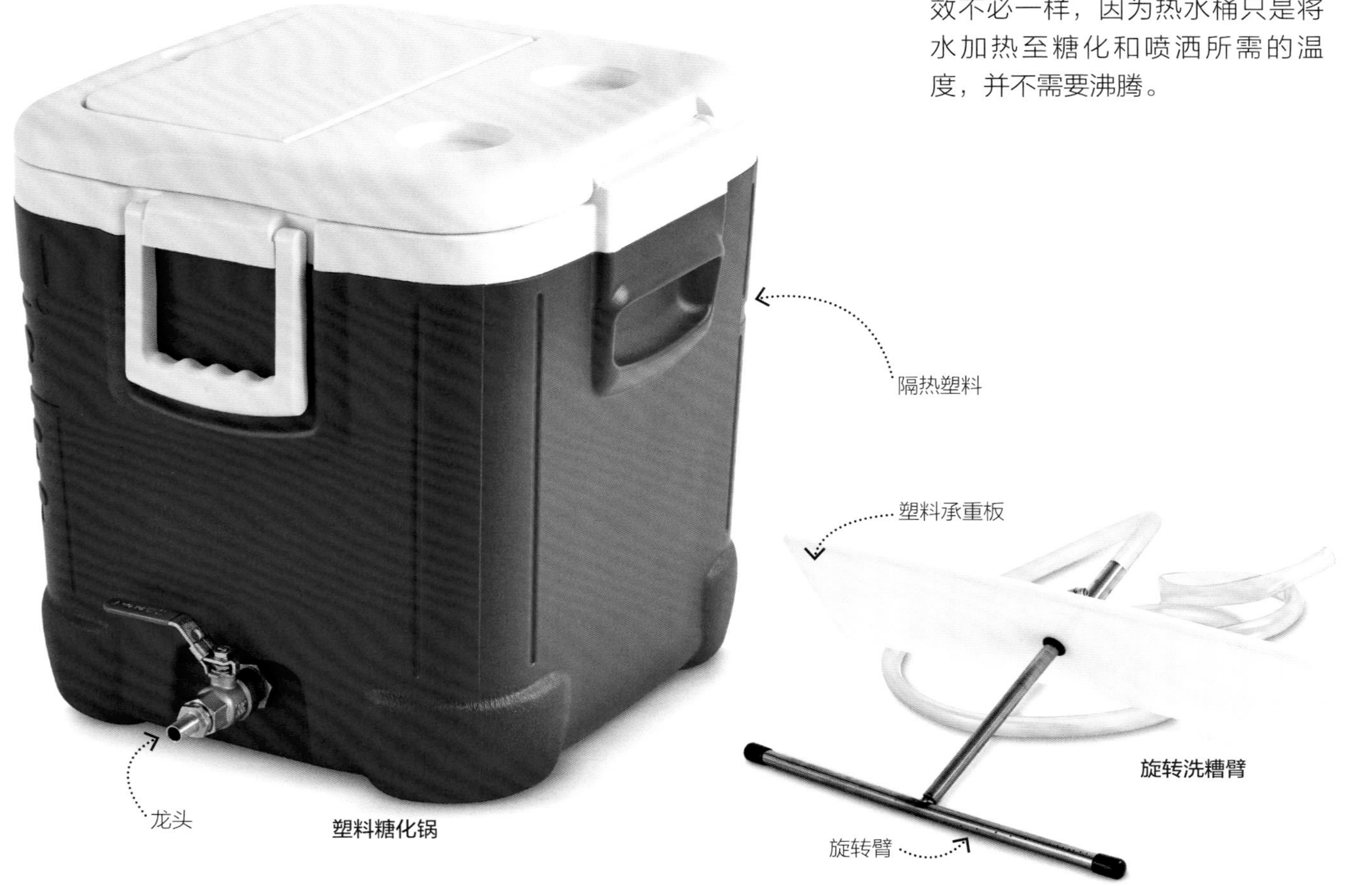

塑料糖化锅

旋转洗糟臂

高级设备

折射仪

作为一种精确且易于使用的光学设备，折射仪会根据液体的折射率测出其密度。你仅需滴几滴液体到设备的光学棱镜上，同时它可以取代液体比重计和量筒（参见第49页）来决定酿出特定的啤酒比重。大多数折射仪可以自行根据温度进行校准，洗糟时可以用其准确读取出热麦汁的比重。

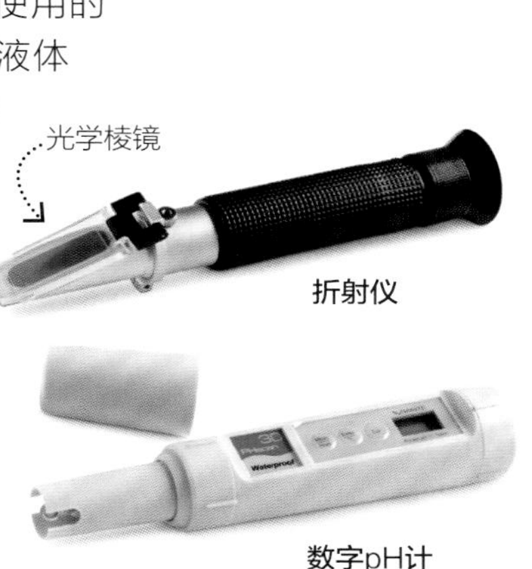

折射仪

数字pH计

锥形瓶

酒花浸煮器

数字pH计

技艺高超的全麦芽酿酒师们会发现它相当有用，因为它可以非常方便地测出糖化醪的pH。数字pH计易于使用和校正，数值精确，并且比pH试纸更容易读取。

锥形瓶

锥形瓶，是以德国化学家埃米尔·埃伦迈尔（Emil Erlenmeyer）的名字来命名的，它是一种圆锥体容器，用来扩培酵母（参见第62~63页）。你可以在这个单独容器里混合、加热和扩培，其圆锥体的构造可以保证你摇晃时导入氧气，而无需担心液体会喷洒出来。选择烧瓶时，其容积应至少比酵母液的体积大1L。

酒花浸煮器

酒花浸煮器是一种浸泡器，可以用来提取微妙的酒花油和香气，否则它们会在煮沸时流失掉。在煮沸后期，先让麦汁通过此装备，然后再倒入逆流式冷却器（参见第51页），冷却麦汁并锁住其芳香。酒花浸煮器主要用于微型酿酒厂和商业酿酒厂，对于从少量酒花中提取强烈酒花风味特别有效。有一种专门为自酿者所开发的版本被称为“酒花机器人”，可以帮助你实现专业级的效果。

数字温控器和酿造专用冰箱

通过控制发酵的温度，你可以持续不断地酿造出各种类型的啤酒。多数自酿者会将发酵桶放置在安装有加热器的老式冰箱里，然后将两者都与温控器连接起来。温控器可以根据需要决定冰箱是冷还是热。

酿造软件与应用程序

当你希望制定出属于你自己的麦芽浸出物酿造配方和全麦芽酿造配方时，计算机软件和应用程序非常适合用来计算必要的苦味值、色度以及比重。许多应用程序可以制作工作单，帮助你计划酿造日期，甚至还可以列出原料的清单（参见第213页以获取更多关于网上资源的细节）。

搅拌器

由一根金属棒构成，放置在发酵桶内部，在磁力的作用下来回转动，用来连续地搅动液体酵母扩培液（参见第62~63页）。

啤酒喷枪

该设备可以帮助你将储存在木桶中并已充入二氧化碳的啤酒转移到酒瓶中，并且不需要添加可发酵糖，因此最大程度上减少了沉淀物的出现概率。

采用酿造盒酿造

自酿酿造盒是接触酿酒过程的绝佳引路人。它们简单便捷，仅需基础知识。稍加用心，就可以在数周内酿出口味很棒的啤酒。

大多数酿造盒可以酿造出大约23L的啤酒，不过由于浓缩程度更高，初始比重也更高，所以酿造烈性啤酒时，所获得啤酒体积会小一些。在你动手之前，检查所有原料都已齐备并在保质期内，并已拥有合适的设备。参考说明指南，明确酿造时需要添加多少水。

三种酿造盒类型

- 单罐装液体酿造盒包含一罐（或塑料袋装）独立的已添加酒花的麦芽浸出物。需要添加另外的糖或麦芽浸出物来增加可发酵糖的含量，使其达到准确的麦汁原始比重。
- 两罐装液体酿造盒（参见逐步详解）包含两倍用量的液态麦芽浸出物，所以无需额外添加糖。与其他酿造盒相比，它可以酿出酒体更为饱满、口感更为醇熟的啤酒。
- 麦芽粉酿造盒为粉末状的麦芽浸出物，需要另外的糖或麦芽浸出物。使用前先阅读产品说明。

设备

- 大平底锅。
- 开罐器。
- 发酵桶。
- 酿酒专用汤匙或搅拌器。
- 液体比重计和量筒。
- 温度计。
- 气塞（可选用）。

原料

- 一罐或两罐液态麦芽浸出物，或一包麦芽粉（作为补充）。
- 一包酿酒用酵母。
- 另外的糖、麦芽浸出物、酒花或水果（如有需要）。

准备阶段 20分钟

1 将罐装麦芽浸出物置于装有热水的平底锅内。这样做可以使液体软化，方便倾倒。在加热麦芽浸出物时，可以对所有设备进行彻底灭菌（参见第44~45页）。

2 打开麦芽浸出物，并将所有麦芽浸出物倒入发酵桶中，再加入一壶开水到桶中。戴上隔热手套，用剩余的少量开水将麦芽浸出物冲洗干净。

麦汁制备　10分钟

3 从一定高度倒入冷水，激起水花，并用力搅拌，直至所需容量。这样做可以给麦汁充氧，并使酵母加速繁殖，进行良性发酵。

4 用已消毒的量筒取出麦汁样品（如果有的话，你也可以用“啤酒小偷”或吸管取麦汁）。用液体比重计读出的数值（参见第65页）即为麦汁的原始比重（OG）。

投放酵母　5分钟

5 测量发酵桶中麦汁的温度。如果高于24°C的话，在开始步骤6和投放（添加）酵母前，先盖上桶盖，让其冷却一下。如果麦汁过热，会杀死酵母细胞。

6 打开酵母包，均匀地撒在麦汁表面。阅读使用说明，如果有需要，添加小袋装酒花或水果。盖上发酵桶盖，装上气塞（如果用的话），让其开始发酵。

参见第64~65页获取更多关于发酵的知识。

采用麦芽浸出物酿造

与酿造盒酿造（参见第54~55页）相比，麦芽浸出物酿造耗时略长，但是由于使用了新鲜的酒花和特定的谷物，所以酿出的啤酒风味更为醇厚，芳香更加宜人。

许多人是从麦芽浸出物酿造法开始他们的酿酒事业的。这种方法需要将未添加酒花的麦芽浸出物与酒花一同煮沸。酿出绝世好酒的关键在于一定要使用足够新鲜的原料。

本书中的麦芽浸出物酿造配方使用麦芽粉来完成，需要先用冷水来溶解；如果用麦芽浆的话，热水溶解更好。

你需要煮沸多少麦汁？

如果可以的话，最好煮沸所有的麦汁（27L）。不过如果你不想一下子煮这么多的话，可以用10L的水和仅1kg的麦芽粉。与全部煮沸相比，这样做可以降低麦汁的比重，让酒花充分释放出苦味来。沸腾前10分钟，加入剩余的麦芽浸出物，并用事先准备好的冷水倒满发酵桶。

设备

- 称重器。
- 煮沸锅或大平底锅。
- 温度计。
- 谷物袋（可选用）。
- 酿酒专用汤匙或搅拌器。
- 冷却器（可选用）。
- 发酵桶。
- 液体比重计和量筒。
- 气塞（可选用）。

原料

- 麦芽浸出物（固态或液态）。
- 特定的谷物（可选用）。
- 酒花。

准备阶段 30分钟

1 完善的计划是成功的关键，所以请列明每次添加谷物和酒花的细节。确保所有设备都已灭菌（参见第44~45页），然后称出每次添加的谷物和酒花的重量。

如果要添加谷物，先用温度计测量水的温度。

2 将所需的水倒入煮沸锅或大平底锅中，然后开始加热。如果配方中需要浸泡谷物，将水加热至70°C。如果不需要的话，则将水煮沸，并直接跳到步骤4。

麦汁制备 40分钟

使用谷物袋，可以方便稍后取出。

3 将谷物添加到水中（尽可能可以使用谷物袋）。盖上桶盖或锅盖，浸泡30分钟，并将温度保持在65~70°C。捞出谷物（或取出谷物袋），然后将水煮沸。

熬煮麦芽汁时密切关注平底锅，以防麦芽汁煮沸溢出。

4 一旦水沸腾后，将平底锅从炉子上移开，并加入麦芽浸出物（如果使用的是麦芽粉，先用冷水化开）。用力搅拌以免结块，然后将麦汁充分煮沸。

煮沸再冷却麦汁 1.5~2小时

5 添加第一包酒花（取其苦味），定时提醒自己继续添加酒花（取其风味）。沸腾结束后添加任何香型酒花，不过只有当麦汁的温度降至80°C时才行。

6 有条件的话，用冷却器（参见第61页）快速冷却麦汁，或者将平底锅置于冰水中。一旦麦汁冷却至20~24°C，将其转移到发酵桶中，读取其比重值，然后放入酵母。

参见第62~63页获取更多关于投放酵母的知识。

采用全麦芽酿造

这种高级酿酒法需要最多的设备、最丰富的技巧和知识，但对于初学者而言还是可以完成的。此法包括三个关键阶段：糖化、洗糟和煮沸。

第一阶段 糖化

此阶段（参见侧面）需要将麦芽用热水（液体）浸泡1个小时，不过时间稍久也无妨。谷物中的淀粉溶解后，转化成可发酵糖。

第二阶段 洗糟

此阶段（参见第60页）是通过冲洗已浸泡过的谷物，来尽可能多地获取可发酵糖。由此所获得的甜麦汁则会被转移到煮沸锅中。

第三阶段 煮沸

此阶段（参见第61页）是将麦汁充分煮沸，然后按照配方说明，根据需要在不同阶段添加酒花。煮沸至少需要1个小时，可以杀死麦汁中的细菌，并让酒花释放出足量的苦味、风味和香气。

设备

- 称重器。
- 煮沸锅。
- 热水桶（HLT，可选用）。
- 糖化锅。
- 洗糟臂与水管。
- 酿酒专用汤匙或搅拌器。
- 液体比重计和量筒。
- 气塞。
- 冷却器。

原料

- 谷物。
- 酒花。
- 澄清絮凝剂。

准备阶段 至多1小时

1 将所有水倒入煮沸锅或热水桶中，加热至77°C。根据所使用的煮沸锅的功效，至少需要加热1小时。为方便起见，你可以使用带定时器的热水桶，设置为在酿造开始前启动。

2 找个轻松的日子开始动手吧。提前称出原料的重量，包括澄清絮凝剂或爱尔兰苔藓（如果有的话），标记出每次添加酒花的分量和时间。可以给糖化锅加入一些热水以进行加热。

第一阶段　糖化

糖化的最佳温度在65~68°C，温度偏高时，所产生的可发酵糖较少，酿出的啤酒清淡可口；温度偏低时，所产生的可发酵糖较多，酿出的啤酒强烈浓郁。每1kg的谷物使用2.5L的热水，你可以根据需要再添加热水或冷水以调节温度。

糖化的三种主要类型

- “一步浸出糖化”（如下图所示）需要在糖化时保持一定的温度。对于商业酿酒商和自酿者而言，这是最简单也是最常见的方法。
- “间歇式糖化”从低温时开始糖化，先保持一段时间恒温然后再升温，然后重复这一操作。这样做可以从麦芽中获取大量的糖分。
- “煮出糖化”中，需要先取出部分谷物，单独煮沸后再倒回桶内糖化，并分阶段进行升温。你可以分一个、两个或三个阶段来操作（即一次、两次或者三次煮沸升温），以获取更多麦芽风味。

糖化中止

当你将谷物在糖化锅中混合时，请注意不要过分搅拌，因为可能会出现“糖化中止”。这种现象是洗糟时麦芽汁的流速很慢，或者糖化桶的阀门完全被堵塞，导致麦芽汁无法转移到煮沸锅中。如果出现这种情况，轻轻搅动谷物，使其慢慢沉淀。这样做要多花些时间，谷物也要在糖化锅中多待上1个多小时，不过对最终酿出的啤酒不会产生影响，所以无需担心。

一步浸出糖化　大约1小时

3 将热水和谷物加入糖化锅中，这个过程称为“投料”。你可以通过煮沸锅或热水桶上的阀门来加入需要的液体，然后将谷物缓慢倒入，以免其结块。

4 用汤匙从侧面轻轻搅动麦芽醪液，确保没有结块。但注意不要过分搅动。盖上桶盖，静置1个小时。同时，让煮沸锅或热水桶中剩余水的温度保持在77°C。

参见第60~61页以获取更多关于洗糟和煮沸的知识。

第二阶段　洗糟

当谷物浸泡好后，你就需要将经过糖化所获得的可发酵糖冲下来，并让麦汁流到煮沸锅中，这个阶段称为“洗糟”。用于洗糟的水温应在74~77°C，过高的话，谷物中的单宁酸会被溶解出来，产生苦涩的味道；偏低的话，则流出的麦汁流动性较差，糖分含量较低。请至少准备20L的水以用于洗糟。

过度洗糟

请注意不要过度洗糟。如果你发现麦汁流出液的比重低于1.010时，则表明单宁酸开始从谷物中释放出来了，这会影响啤酒的最终品质。

如果你有比重折射仪（参见第53页）的话，可以滴一两滴热麦汁到上面，来检测其比重。折射仪在高温时会自动校正。

洗糟的三种主要方法

- 持续洗糟（如下图所示）可以从谷物中释放最多的糖分，在将水喷洒到谷物表面的同时，将等量的麦汁从桶底排出。
- 分批洗糟时，先将热水倒入桶中，搅动后浸泡20分钟。再将流出的麦汁倒回桶中，以过滤谷物残渣，直到流出的麦汁清澈后，再将其流入煮沸锅中，并重复这一过程。
- 当你选择不进行洗糟时，麦汁会直接流进煮沸桶中，这种方法最为简单省事，但会丢失大量糖分。

持续　30~40分钟

5 从糖化锅的阀门处收集流出的麦汁，将其倒回桶中的谷物上，重复这一动作，直至麦汁清澈。搭起洗糟臂，将其用水管连接到热水桶上，再用另一根管子将糖化锅的阀门和煮沸锅连起来。

6 打开热水桶的阀门，开始喷洒。同时打开糖化锅的阀门，将热麦汁流到煮沸锅底部，小心不要让麦汁溅起。持续洗糟，直到你的煮沸锅中收集够大约27L的麦汁。

第三阶段　煮沸

当你的煮沸锅中已有足量麦汁时，将其煮至沸腾，并根据配方添加酒花。煮沸时，酒花（参见第28~30页获取更多关于酒花的知识）会释放α酸、风味以及香气。同时煮沸也可以杀死麦汁中的细菌，使其浓缩，并去除不必要的蛋白质（参见右侧）。

麦汁冷却

- 煮沸结束后，你需要尽快将麦汁冷却至合适的温度，以便投放酵母。同时，快速冷却可以防止麦汁受到污染，也不会耽误你的酿造计划。最有效的冷却方法是使用浸入式冷却器（参见第51页和下面的步骤8），它可以在20分钟左右将麦汁降至可发酵的温度（20°C）。你可以在煮沸结束前10分钟将冷却器放入煮沸锅中以进行消毒。
- 如果你没有冷却器的话，或者煮沸锅没有内置电路，你可以将煮沸锅放到一盆冰水中。这个方法最为简单，不过需要至少1个小时才能冷却一锅麦汁。

热凝固物与冷凝固物

沸腾时的高温会产生一种叫“热凝固物”的物质，而冷却时温度快速下降则会产生一种叫“冷凝固物”的物质，这种现象的出现是因为麦汁中的悬浮物释放出蛋白质，凝固后，沉淀到煮沸锅底。这种突变可以阻止蛋白质被转移到发酵桶中，避免酿出的啤酒出现因冷却而引起的浑浊现象。

煮沸并冷却麦汁　1.5~2小时

7 将麦汁加热至沸腾，在出现热凝固物后，再添加第一批酒花（取其苦味）。然后按配方中的煮沸计划，根据指示添加酒花（取其风味和香气）。

注意冷却器流出的水会非常滚烫。

8 煮沸即将结束前，将冷却器放入麦汁中。准备好后，让冷水慢慢流入冷却器中。等到麦汁降至20~22°C，将麦汁转移到发酵桶中，完全打开煮沸锅的阀门，给麦汁充氧。

参见第62~63页以获取更多关于投放酵母的知识。

接种酵母

不论你通过何种方法来制备麦汁，所有自酿者都需要通过接种或添加酵母来开始发酵。此后数天，根据配方你可能需要放入更多的酒花，这个过程称为干投酒花。

合理接种适量的酵母是进行良性发酵的关键所在。接种量不够的话，会使酵母受压，拉长了延迟期（参见第64页），并增加了细菌侵染的风险。接种量过多的话，会产生异味，并减少啤酒的泡沫层。酵母的使用量需要根据麦汁的容量、比重和温度来决定。

- 一包干酵母可以发酵23L的麦汁。
- 比重较高的啤酒（数值超过1.060）含有更多的可发酵糖，也需要较多的酵母。可以每桶使用两包酵母。
- 发酵时气温较低的话，可以每桶使用两包酵母。

干酵母还是液体酵母

干酵母容易保存，可直接撒到麦汁上。通常只要在保质期内，并冷藏保存，就可以保证其拥有足够活性的细胞酿造出一桶酒来。

液体酵母中的活性细胞会随着时间延长而减少。多数液体酵母需要在4个月内用完，而且时间越久，酵母活性越弱。通常一瓶市售液体酵母所含的活性细胞，只能酿造出18L的啤酒，所以最好先使用酵母培养液（如下所示）。

酵母培养液

液体酵母培养液是液体酵母、干麦芽粉与水的溶液，可用来发酵。其用处是在接种前促进酵母细胞繁殖，以获取更好的发酵效果。参见第213页，借助在线计算器可以帮助你确定所需酵母培养液的数量。

制作液体酵母培养液 15分钟，可提供时长2天的发酵

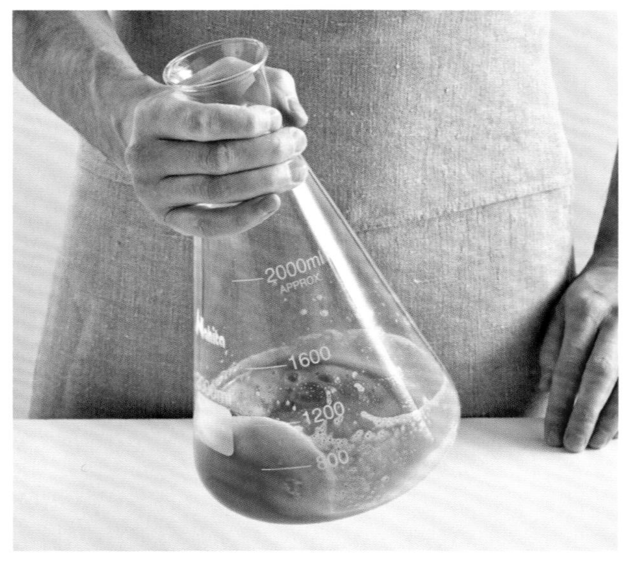

1 找一个比酵母液容量大1L的容器。锥形瓶、圆锥瓶、烧瓶都是不错的选择，既可以煮沸也可以冷却酵母液。先将麦芽粉（100g的麦芽粉可制作1L的酵母液）用水化开。

2 根据所需容量，给烧瓶加入足量水，并加热至沸腾。15分钟后，将烧瓶从炉子上移开，并用冰水冷却（如果没有烧瓶，可以用平底锅煮沸，再将冷却好的麦汁倒入已消毒的容器里）。

制作液体酵母培养液（具体步骤）

3 加入酵母，然后用银箔封住锥形瓶或容器，均匀摇晃。静置2天，并定期摇晃以导入大量氧气。一旦发酵完成，让酵母沉淀物沉淀下去。

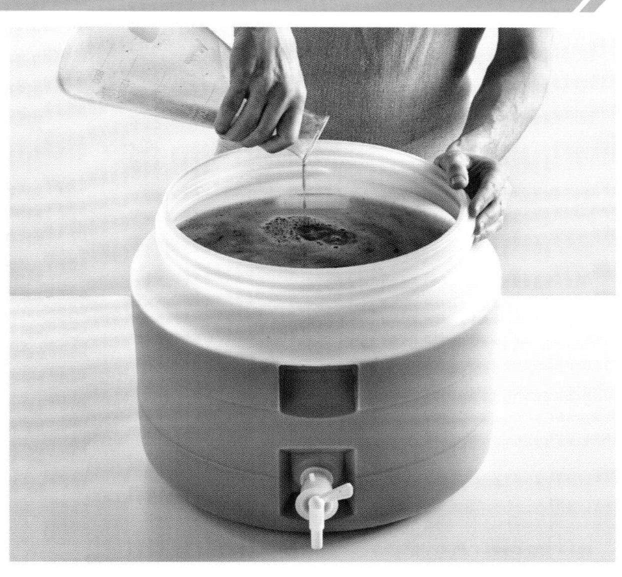

4 接种酵母前将锥形瓶（或容器）中的液体全部倒出。等到发酵桶中的麦汁冷却至20~24° C时，加入酵母沉淀物，盖上桶盖，并装上气塞（如果有的话）。

干投酒花

在投放酵母后几天，等到前发酵已经结束，再向发酵桶里添加新鲜的酒花，这个过程称为干投酒花。它的好处是可以从较少的酒花中获取浓郁的酒花香气，因为这些香气和精油不会随着加热煮沸或前发酵中产生的二氧化碳而挥发掉。

- 接种酵母后大约4天，所酿啤酒中已经出现了酒精，再放入干投酒花，酒精会杀死酒花中的所有细菌，并产生极少的二氧化碳。
- 使用酒花袋可以避免碎粒留在最终的啤酒里，同时也方便取出酒花。
- 通常一桶酒用25~50g酒花就够了，不过这需要根据特定酒花种类的强度来决定，不妨大胆去尝试看看。
- 这种方法同时适用于酿造盒酿造、麦芽浸出物酿造和全麦芽酿造。

澄清剂

酿酒时加入澄清剂可以使啤酒更加澄清透明。它可以使液体中悬浮的微粒聚集起来，然后沉到发酵桶底，这样它们不容易被转移到最终的啤酒里去了。添加澄清剂有两个关键阶段：

- 煮沸前最后10~15分钟添加，称为“煮沸锅澄清”。此时添加的澄清剂，比如絮凝剂和爱尔兰苔藓，可以阻止麦芽中的蛋白质被转移到发酵桶里，因而广受推荐。
- 等到发酵结束后，为了加快最终澄清的速度，酿造商会添加澄清剂，来减少运输后啤酒沉降的时间。然而，对于自酿者来说，你也完全可以选择借助重力作用来澄清你的啤酒。鱼胶是鱼身上鱼鳔的产物，也是最为常用的澄清剂。

发酵过程

如果你已经制备好麦汁，并已接种酵母，下一步就是发酵了。在这个阶段，原本不含酒精的甜味液体将会转化成啤酒。

发酵三个关键阶段

- 发酵的第一个阶段是延迟期或适应期，此时酵母细胞开始繁殖。这个阶段麦汁很容易受到细菌侵染，所以尽量缩短这个时间，最好不超过24小时。之后，就会产生乳脂状泡沫或泡盖。
- 第二个阶段是耗糖期，此时麦汁中的糖分在酵母的作用下开始发酵，产生酒精和二氧化碳。这个阶段通常要花上几天时间，在此期间，液体比重会降低，高泡发酵也会减弱。在此阶段，如果看到一些脏脏的残渣和漂浮的颗粒，甚至闻到刺鼻的气味，都是正常现象。
- 最后这个阶段称为成熟期，酵母会去除掉所有无关的副产品（如醛类和双乙酰等一些天然化学成分）。可以帮你酿出澄清透明、口感清爽的啤酒。

啤酒发酵时，
发酵桶的周边
会出现脏脏的
残渣。

氧气与温度

在延迟期，氧气的存在十分关键。没有它的话，酵母细胞将无法有效繁殖。对于自酿者来说，在接种酵母前可以通过搅动并溅起麦汁，来导入足够的氧气。不过，请特别记住，这是整个酿造过程唯一一次需要导入氧气的工序。

将麦汁保持在合理的温度范围内，可以促进酵母良性繁殖，并为发酵提供适宜的环境。在特定的温度范围内，每个酵母菌株都可以得到充分生长和发酵，也可以让酿酒师调整最终啤酒的口感。较低的温度酿出的啤酒口感更佳清爽，温度偏高的话，则可以产生更多的复合风味，两种结果都是不错的。

小贴士

- 在接种酵母前，确保已在麦汁中导入足够的氧气。你可以在煮沸后，将冷却好的麦汁倾倒至发酵桶中，然后用力搅拌。
- 如果希望发酵能有一个好的开头，不妨比配方中所标明的温度略高一些。等到发酵已经开始后，再将温度降下来。
- 注意接种适量的活性酵母，太少的话，发酵进展缓慢；太多的话，则会产生异味（参见第62页获取相关知识）。

用液体比重计读取麦汁比重 5分钟

1 用液体比重计测量比重是掌握发酵是否完毕（即比重是否达到预期值）的唯一正确方法。测量前，可先用已消毒的量筒取出麦汁样品。

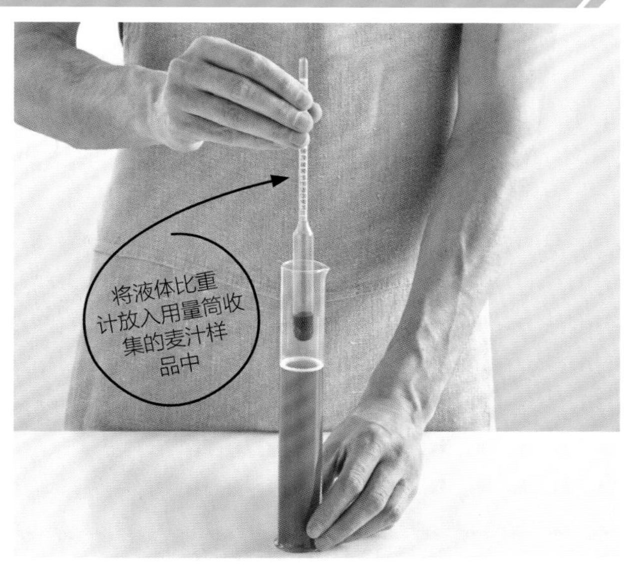

将液体比重计放入用量筒收集的麦汁样品中

2 抓住液体比重计柄杆的上部，慢慢放入样品中。等到比重计保持平衡后，再小心取出，然后等待液体沉降。如果水泡遮住了刻度，轻轻转动柄杆，让其流下来。

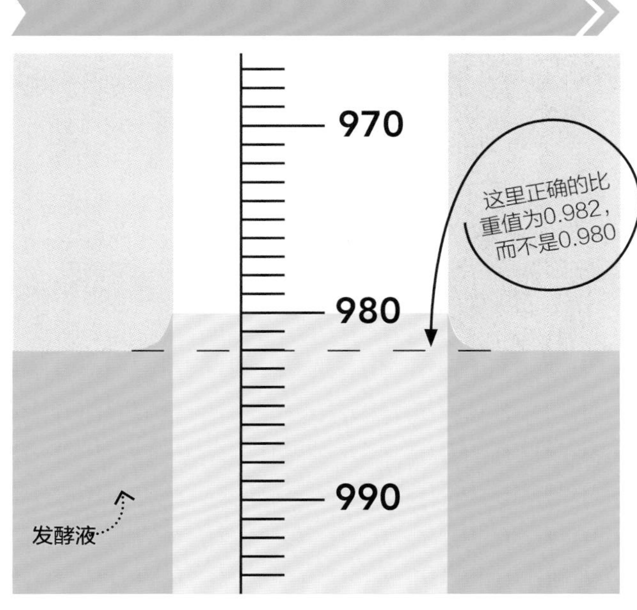

这里正确的比重值为0.982，而不是0.980

3 平视液体比重计进行读取，正确数值是与液体水平面平行的刻度，而不是液体与比重计柄杆接触时升起的顶端刻度。

如果计算酒精度

随着发酵完成，比重值就已标明，它可以用来计算有多少糖被转化成酒精，以此来确定啤酒的酒精度。你可以在投放酵母前先读取一次（此数值为麦汁原始比重，OG），然后在装瓶或装桶前再读取一次（此数值为麦汁最终比重，FG）。两个数值的差值乘以105，就可以得出酒精质量的百分比，而多数商业酿酒商都采用酒精体积分数（%，ABV）来标示，要获得这个数值，只需用酒精质量的百分比乘以1.25即可。例如：

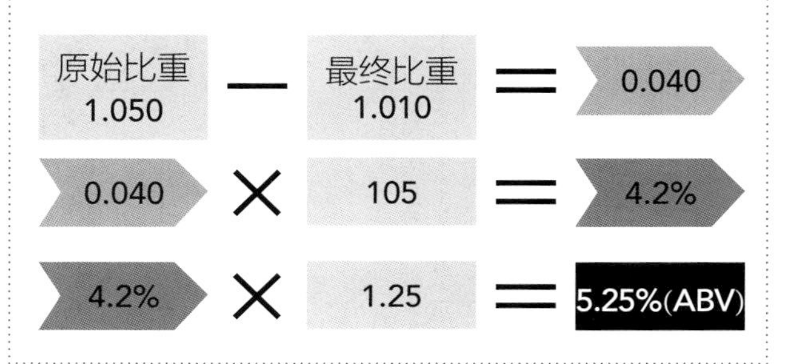

原始比重 1.050 — 最终比重 1.010 = 0.040
0.040 × 105 = 4.2%
4.2% × 1.25 = 5.25%(ABV)

加入可发酵糖与倒罐

为了让啤酒在饮用时有足够的二氧化碳，需要先加入可发酵糖。这一步需要在啤酒装桶或装瓶前完成，后面这一步称为倒罐。

像拉格啤酒和小麦啤酒一类的啤酒，饮用时最好有较高的二氧化碳含量，并有丰富的泡沫层。而清淡的爱尔啤酒，同样也需要适量的二氧化碳，以获取微薄的泡沫和淡淡的杀口感。为了给啤酒饱和二氧化碳，你需要在倒罐前先加入少量可发酵糖。

计算加入发酵糖的数量

要添加多少可发酵糖，取决于所使用糖的种类、所酿啤酒的多少以及期望的二氧化碳含量。最常用的类型有玉米糖（或砂糖）、蔗糖和麦芽粉。下表中列明了每种啤酒风格所需的二氧化碳含量（以每单位体积的啤酒中二氧化碳的体积比例来标示），以及达到该数值所需糖分的数量。这里假定贮藏温度为20℃。

添加发酵糖溶液

向啤酒中添加可发酵糖的最好办法是先用少量开水化开糖或麦芽粉。冷却后，加入到发酵桶中，然后用已消毒的汤匙轻轻搅动，注意不要碰到沉淀物。

溶液可以使糖分均匀散开，这样做比直接将发酵糖丢到酒瓶里要好得多。因为可发酵糖添加过多的话，会有爆炸的风险。

加糖、饱和二氧化碳明细表

啤酒种类	二氧化碳量（每单位体积的啤酒中二氧化碳的体积比例）	玉米糖量（g/L）	蔗糖量（g/L）	麦芽粉（DME）量（g/L）
淡色拉格、博克、淡色爱尔和水果啤酒	2.5	7.4	6.5	8.4
琥珀拉格、淡琥珀混合啤酒	2.4	7	6.1	7.9
深色拉格啤酒	2.6	7.9	6.9	8.9
印度淡色爱尔、混合啤酒、药草和香料啤酒	2	5.1	4.5	5.8
拉比克酸爱尔、小麦和黑麦啤酒	3.75	13.2	11.5	14.9
苦啤酒	1.5	2.8	2.5	3.2
烈性爱尔啤酒	1.9	4.7	4.1	5.3
棕色爱尔啤酒	1.75	4	3.5	4.5
大麦啤酒	1.8	4	3.7	4.8
世涛啤酒和波特啤酒	2	5.1	4.5	5.8

啤酒倒罐

将啤酒在容器间转移的过程称为倒罐。它可以将独立干净的容器作为发酵容器，以使啤酒进一步后熟，也可以装入酒瓶或酒桶中进行贮藏。

如果你的发酵桶带有阀门，只需连上一根长管，将管子开口端放到想要的容器里，然后打开阀门即可。如果没有阀门，将管子从发酵桶的顶部放下，然后进行虹吸。虹吸时，注意不要碰到桶底的酵母沉淀物，因为你也不想将它们混入啤酒中（某些虹吸管自带沉淀物阻挡器，可以用来阻挡它们，具体请参见第49页）。

避免溅起

倒罐时动作要尽量轻，以免酒液溅起。一旦溅起，会导入氧气，这会破坏啤酒的风味，并带来不必要的细菌。为了避免出现这种情况，可以将管子的开口端完全插到装酒容器的底部，当啤酒流入时，会将其完全淹没。

啤酒装瓶 1~2个小时

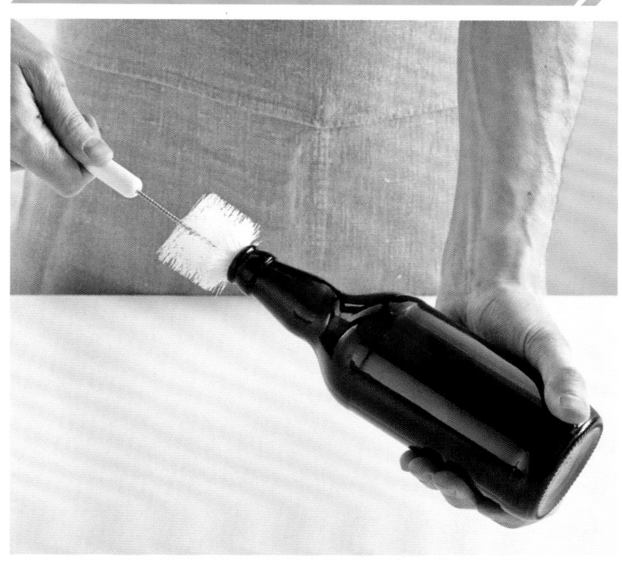

1 用瓶刷清洗酒瓶，去除所有残渣，特别是上次酿造时留在瓶底的酵母沉淀物。消毒后再冲洗干净。

2 将塑料管的一头与发酵桶阀门相连，另一头连在灌装管上。将灌装管插入酒瓶内，打开阀门，用力按下灌装管上的阀门，使酒液流入。之后如法炮制即可。

封盖前，
仔细检查你是
否有足够的酒
瓶和瓶盖。

3 封盖时，先将金属瓶盖放到封瓶机中，然后把封瓶机放在首先装好的酒瓶瓶颈上。两手用力按下手柄，然后拿开封瓶机。之后如法炮制即可。

贮藏与饮用

在品尝自己的劳动果实前，还需要让啤酒在合适的容器中后熟。这个过程会让啤酒色泽清亮，风味醇熟。有几种贮藏方法可供选择。

压力桶

通常这些体积较大的塑料容器可以承受高达41kPa的气压。如果压力偏高，可通过桶顶的阀门进行释放，避免出现爆炸。多数压力桶可以装多达25L的啤酒。发酵糖需要在装桶前加入（参见第66页），随着啤酒的消耗，气压自然降低，可以通过阀门额外添加二氧化碳。

优点

- 价格便宜。
- 方便清洗和消毒。
- 倒罐时快捷简单。
- 啤酒可贮藏数月之久。
- 通常装有阀门，倒酒时无需借助其他设备。

缺点

- 需保存在冰箱一类的冷藏场所，以使饮用时啤酒的温度合适。
- 较难维持合理的二氧化碳量。
- 由于阀门存在死角，所以会有少量浪费。

塑料压力桶

酒桶

酒桶是一种贮藏并用压力倒酒的大型容器。它可以连接单独的二氧化碳气瓶。最常见的类型是不锈钢制科尼利厄斯桶（如左所示），可以保存19L的啤酒。它可以承受高达965kPa的气压，所以可以提供饱和二氧化碳的啤酒。

多数酿酒商所使用的Cask酒桶，由金属或塑料制成，有多个尺寸可供选择，常用的firkin可装40L的啤酒。不同于其他容器，它可以让氧气进入，这样可以带来真正的爱尔啤酒特色，但也意味着啤酒容易变质。自酿者可以将其与二氧化碳气瓶相连。

优点

- 耐用且易于清洗、灭菌、保存和冷藏。
- 可控制二氧化碳含量，并方便提供饱和二氧化碳的啤酒。
- 无需添加可发酵糖，所以几乎没有沉淀物。
- 啤酒可贮藏数月之久。
- 由于啤酒从桶底排出，所以浪费极少。

缺点

- 初期成本高。
- 使用起来更为复杂。
- 需保存在冰箱一类的冷藏场所，以使饮用时啤酒的温度合适。

科尼利厄斯桶（Cornelius keg）

酒瓶

对于许多自酿者而言，酒瓶是用来保存啤酒的最佳途径。有多个尺寸可供选择，既有塑料的也有玻璃的。可以冷藏，方便运输。虽然多数酒瓶都有方便开启的瓶盖，但它们仍需要金属瓶盖或螺纹帽。酒瓶清洗、灭菌和灌装的时间较长，可以获得饱和二氧化碳的啤酒（非常适合拉格啤酒和小麦啤酒，不适合爱尔啤酒）。不要使用透明酒瓶，因为阳光会与酒花发生化学反应，产生异味。

优点

- 方便在冰箱中保存。
- 方便运输且可作为馈赠佳品。
- 啤酒可贮藏数月之久。

缺点

- 准备和装酒的时间较长。
- 更适合饱和二氧化碳的啤酒。

倒酒品尝 1分钟

1 找个干净的玻璃杯，确保啤酒温度适宜（爱尔啤酒为9~12°C，拉格啤酒要是冰的）。手持玻璃杯呈45°角，然后缓缓倒入啤酒。

2 竖直酒杯，让泡沫层不断膨胀。酒瓶中可能含有酵母沉淀物，所以小心不要让其混入酒杯中（不过像小麦啤酒，也许你更希望通过激起酵母来获得朦胧感）。

贴标

如果你选择用酒瓶装酒的话，可以通过制作专属标签来个性化你的啤酒。这样做，不仅有趣好玩，还会让你的劳动成果看起来更加专业。

制作标签可以帮助你识别出所酿的啤酒，让你清楚所喝的啤酒的类型。你也可以制作与啤酒风格相匹配的标识，反映出你的个人风格。如果你希望将啤酒作为礼物赠送出去，或为特殊事件酿造啤酒，这样做会非常有意义。

注意事项

- 确定标签的形状，比如，圆形、椭圆形和盾形都很经典。
- 设计主图。你可以使用设计软件，还可以扫描手绘图案，或者导入照片。
- 为文本选择一种字体，写上啤酒名称、类型、酒精含量、数量以及其他说明。
- 即使你不擅长自己设计，也无需担心，网上有一些标签生成器可供利用（参见第213页），可以让你在一系列的模板上添加个人信息。
- 最后，用激光打印机将它们用普通白纸打印出来。

标签库

观察这些标签样本，它们会出现在本书的一些配方中。你可以通过它们来激发你的设计灵感，参照上面的建议，加入其他信息。

参见第83页

参见第89页

参见第102页

参见第114页

参见第160页

参见第164页

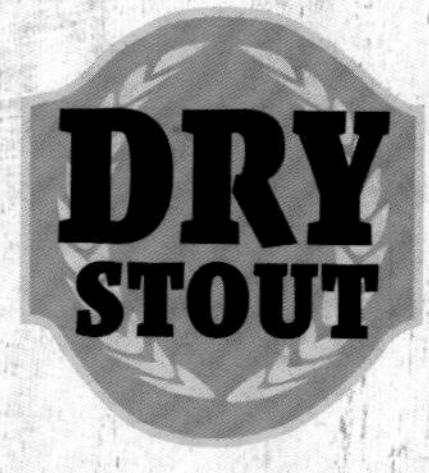

参见第174页

参见第177页

参见第184页

贴标签　一桶酒大约需要1个小时

1 用小漆刷或毛刷，在标签背面涂上薄薄的一层牛奶。牛奶是非常棒的黏合剂，它粘贴牢固，并方便在下次使用前移除掉（且毫无异味）。

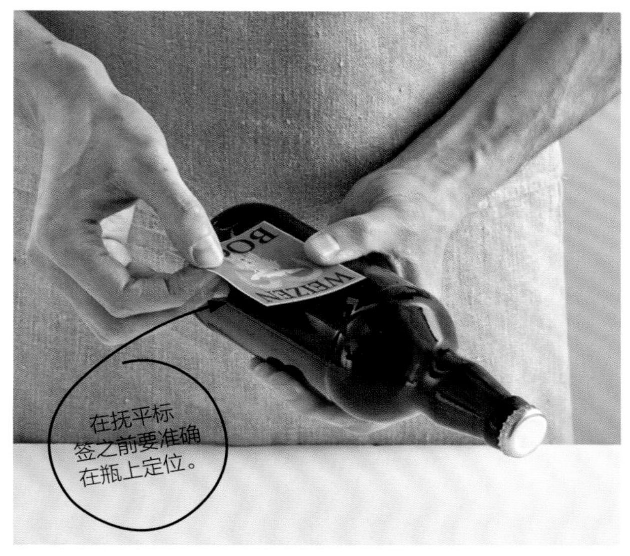

2 一只手握住酒瓶，用另一只手小心确认标签位置。进行调整后，在酒瓶上抚平标签，再用干布去除掉溢出的牛奶。

参见第124页　参见第133页　参见第145页　参见第149页　参见第154页

参见第188页　参见第193页　参见第196页　参见第198页　参见第211页

啤酒种类与配方

配方清单

不论你是狂热的啤酒控，还是喜欢酒体饱满、风格浓郁的啤酒，你都可以借助这些配方清单来选择酿造一款心仪的佳酿。在本书第88~211页可以找到这些配方及更多相关知识。

果味宜人的啤酒

- **慕尼黑淡色啤酒**（参见第85页）
- **十月庆典啤酒**（参见第98页）
- **春季啤酒**（参见第112页）
- **石楠啤酒**（参见第125页）
- **樱桃拉比克啤酒**（参见第138~139页）
- **修道院啤酒**（参见第154页）
- **德式黑麦啤酒**（参见第188页）
- **蜂蜜香料啤酒**（参见第204页）
- **云杉啤酒**（参见第203页）
- **覆盆子小麦啤酒**（参见第206~207页）
- **草莓啤酒**（参见第208页）
- **猕猴桃小麦啤酒**（参见第209页）
- **生姜啤酒**（参见第205页）
- **胡荽子酸橙香料啤酒**（参见第202页）
- **荨麻啤酒**（参见第211页）

覆盆子小麦啤酒（参见第206~207页）

樱桃拉比克啤酒（参见第138~139页）

新鲜清爽的啤酒

- 淡色拉格啤酒（参见第82页）
- 欧洲拉格啤酒（参见第83页）
- 墨西哥啤酒（参见第88页）
- 日本大米拉格啤酒（参见第89页）
- 捷克比尔森啤酒（参见第90~91页）
- 波西米亚比尔森啤酒（参见第94页）
- 美国比尔森啤酒（参见第95页）
- 维也纳拉格啤酒（参见第96~97页）
- 博克淡啤酒（参见第99页）
- 黑色拉格啤酒（参见第107页）
- 接骨木花爱尔啤酒（参见第113页）
- 东肯特戈尔丁单一酒花爱尔啤酒（参见第119页）
- 萨兹单一酒花爱尔啤酒（参见第120页）
- 英式印度淡色爱尔啤酒（参见第131页）
- 夏季爱尔啤酒（参见第142~143页）
- 德式白啤酒（参见第185页）
- 美国小麦啤酒（参见第186~187页）
- 白啤酒（参见第190~191页）
- 科隆啤酒（参见第197页）
- 覆盆子小麦啤酒（参见第206~207页）

白啤酒（参见第190~191页）

夏季爱尔啤酒（参见第142~143页）

维也纳拉格啤酒（参见第96~97页）

阿马里洛单一酒花爱尔啤酒（参见第116~117页）

深色美国拉格啤酒（参见第104~105页）

法国卫士啤酒（参见第152~153页）

酒花醇厚的啤酒

- 阿马里洛单一酒花爱尔啤酒（参见第116~117页）
- 尼尔森·萨维单一酒花爱尔啤酒（参见第118页）
- 卡斯卡特单一酒花爱尔啤酒（参见第121页）
- 60分钟印度淡色爱尔啤酒（参见第132页）
- 美式印度淡色爱尔啤酒（参见第133页）
- 帝国印度淡色爱尔啤酒（参见第134~135页）
- 黑色印度淡色爱尔啤酒（参见第136页）
- 黑麦啤酒（参见第189页）

酒体饱满的啤酒

- 经典博克啤酒（参见第100~101页）
- 双料博克啤酒（参见第102页）
- 博克冰啤酒（参见第103页）
- 深色美国拉格啤酒（参见第104~105页）
- 慕尼黑深色啤酒（参见第106页）
- 特苦爱尔啤酒（参见第115页）
- 塞森啤酒（参见第127页）
- 烟熏啤酒（参见第130页）
- 伦敦苦啤酒（参见第140页）
- 约克郡苦啤酒（参见第141页）
- 康沃尔郡锡矿工人爱尔啤酒（参见第144页）

老爱尔啤酒（参见第162~163页）

苏格兰70先令啤酒（参见第146~147页）

配方使用说明

本书中的配方均为全麦芽酿造，不过也有许多麦芽浸出物酿造的版本，可以通过下列说明掌握配方的使用方法。

重要信息

麦汁原始比重：发酵开始前麦汁的比重，可通过液体比重计读取（参见49页和65页）。

预期最终比重：发酵结束后麦汁的比重。

总用水量：酿造一桶啤酒所需的用水量。

图示

产量：预计酿出啤酒的体积。

品饮期：啤酒可以开始饮用的最早时间，不过多数啤酒越久越醇。

预估酒精度：所酿啤酒的预计酒精度数。

苦味值：啤酒的苦味值，数值越高，啤酒越苦（不过高酒精度可以中和高苦味的啤酒）。

色度：啤酒色泽深浅，用EBC值进行测量（参见第22~23页），数值越高，啤酒的色泽越深。

麦芽浸出物版本

如果你希望用麦芽浸出物法（参见第56~57页）替代全麦芽法（参见第58~61页），可参考此处的指导说明。这里假定你可以在一个大平底锅里煮沸27L的水。如果你觉得太多，可以只煮10L的水，在开始时添加1kg的麦芽粉，然后在煮沸结束前5分钟加入剩余的部分。

与其南方同类相比，北方棕色爱尔啤酒更为浓烈，色泽更浅，甜味更淡，坚果和巧克力般的风味中带有适度的酒花回味。

北方棕色爱尔啤酒 (Northern Brown Ale)

麦汁原始比重1.052　预期最终比重1.013　总用水量：32.5L

产量：23L　品饮期：6周　预估酒精度（ABV）：5.1%　苦味值：25.7IBU　色度：27.2EBC

糖化

用水量：13L　用时：1小时　温度：65℃

谷物清单	用量
淡色麦芽	4.8kg
水晶麦芽	250g
巧克力麦芽	100g

煮沸

用水量：27L　用时：1小时10分钟

酒花	用量	苦味值	何时添加
海军上将 14.5%	16g	25.7IBU	煮沸开始后
挑战者 7%	16g	0	煮沸结束时

其他	用量	何时添加
澄清絮凝剂	1匙	煮沸结束前15分钟

发酵

温度：20℃　后熟期：12℃下需5周

酵母：

W酵母：英国爱尔啤酒酵母1098

Northern Brown Ale

Northern Brown Ale

麦芽浸出物版本

在65℃下，将250g的水晶麦芽和100g的巧克力麦芽在27L水中浸渍30分钟。然后取出这些麦芽，添加3.3kg的淡色麦芽粉，加热至沸腾，再按配方加入指定的酒花和其他原料。

160

啤酒标签

借鉴这些标签样本作为你个人设计的开始，参见第70~71页获取更多知识。

即饮型

看到此符号时，表明该啤酒应尽早饮用。

南方棕色爱尔啤酒亦称伦敦爱尔啤酒，于20世纪初期开始酿造，并作为波特啤酒和淡味麦芽啤酒的替代品。酒精度较低，回味时有麦芽的甘甜。

南方棕色爱尔啤酒 (Southern Brown Ale)

麦汁原始比重1.041　预期最终比重1.012　总用水量：31L

 产量：23L　 品饮期：4周　 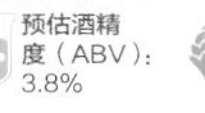 预估酒精度（ABV）：3.8%　 苦味值：17.4IBU　色度：37.6EBC

糖化

用水量：10L　用时：1小时　温度：65℃

谷物清单	用量
淡色麦芽	3.5kg
深色水晶麦芽	300g
巧克力麦芽	110g
烘干小麦	100g
黑色麦芽	55g

煮沸

用水量：27L　用时：1小时10分钟

酒花	用量	苦味值	何时添加
富格尔 4.5%	24g	12.9IBU	煮沸开始后
富格尔 4.5%	24g	4.5IBU	煮沸结束前10分钟

其他	用量	何时添加
澄清絮凝剂	1匙	煮沸结束前15分钟

发酵

温度：22℃　后熟期：12℃下需3周

酵母：

W酵母：灵伍德爱尔啤酒酵母1187

小贴士
如果你喜欢口感略干，可以尝试用W酵母：1099惠特布雷德爱尔酵母替换灵伍德酵母。

麦芽浸出物版本

在65℃下，将300g的深色水晶麦芽，110g的巧克力麦芽和55g的黑色麦芽在27L水中浸渍30分钟。然后取出这些麦芽，添加2.3kg的淡色麦芽粉，加热至沸腾，再按配方加入指定的酒花和其他原料。

啤酒种类与配方　配方使用说明

161

糖化

用水量
在糖化桶中与谷物混合的用水量，可利用总用水量的剩余部分来洗糟。

用时
糖化所需最短时间（即使时间略长也无妨）。

温度
谷物与水混合后，进行糖化时所需的温度。

谷物清单
用于糖化的粉碎谷物的类型及用量。

煮沸

用水量
洗糟结束后，煮沸锅中预计所需的用水量。

用时
煮沸的总时间。

酒花
煮沸所需酒花的类型和用量，以及每次添加的时间。

其他
任何其他所需原料的类型和用量，以及每次添加的时间。

发酵

温度
发酵所需的最佳温度。

后熟
发酵结束后，啤酒在酒瓶或酒桶中贮藏的最佳时间和温度。

酵母
推荐使用的酵母菌株。参考第62~63页获取更多关于酵母使用量和制作酵母液的知识，参考第34~35页了解可替换的酵母菌株。

计量单位说明

体积和重量均采用公制单位，参见第213页获取更多知识。

小贴士

这里有酿造相关的提示和小窍门，以及改变啤酒风味所需的用料调整建议。

拉格啤酒

作为最常见的啤酒类型，拉格啤酒通行于全世界，大多数国家都有各自的版本。

拉格啤酒得名于酿造时所使用的酵母种类。拉格酵母（巴斯德酵母，*Saccharomyces pastorianus*）是下面发酵酵母，在发酵时会沉降到发酵容器的底部。与之相反，多数爱尔酵母则会浮到麦汁的表面（参见第108页）。

低温

拉格酵母需要较低的发酵温度，通常为12℃左右。之后还需要在低温下进行一段时间的后熟，这个过程称为“贮藏”。贮藏一词来源于德语“窖藏”，意为“贮存、保存”。贮藏的过程可以去除掉发酵时产生的大多数杂质，使啤酒清透爽口、风味中性，且余味清新。拉格啤酒通常没有酒花香味，不过略带香料香，适于冰镇饮用，并饱和二氧化碳。

自酿拉格啤酒

对于自酿者来说，拉格啤酒是最具挑战性的啤酒类型。不仅需要很好的酿造技术和较低的发酵环境，而且因为它清新微妙的特色，意味着酿造中意外产生的任何哪怕十分微小的异味都会很明显。尽管如此，酿造很棒的拉格啤酒仍有可能，只需注意发酵的环境、酵母的接种量和卫生的清洁干净。最为关键的是温度控制，所以对于家酿发烧友而言，购置一台酿造专用冰箱是个非常棒的主意。

淡色拉格啤酒

淡色拉格啤酒含有较低的酒精度和热量，麦芽味较淡，拥有如水般清爽淡雅的口感。通常该啤酒都含有玉米或大米。

外观：呈淡稻草色。

口感：清爽淡雅，风味较淡。偶尔有玉米甜般的干爽感。

香味：会出现淡淡的酒花香，不过常常香气并不明显。

酒精度：2.8%~4.2%（ABV）

EU 欧洲淡色拉格啤酒酒精度低，因为它们是采用全麦芽酿造。由于没有添加玉米或大米，所以与它们的美国同类相比，风味更佳浓郁。

US 美国淡色拉格啤酒非常清淡爽口，风味很难界定。

参见第82~89页。

比尔森啤酒

比尔森啤酒原产自捷克比尔森市，与其他淡色拉格啤酒相比，啤酒花香较浓，并混合了较重的麦香味。

外观：淡稻草色至金黄色，泡沫丰富，呈白色乳脂状，挂杯持久。

口感：复合的麦香味，轻微的苦味，常有清甜的余味。

香味：辛辣的酒花香，并混有明显的麦芽味。

酒精度：4.2%~6%（ABV）

CZ 捷克比尔森啤酒风味较淡，但二氧化碳含量高。

DE 德国比尔森啤酒色泽很深，麦芽味与酒花苦味相混合。

US 美国比尔森啤酒麦汁浓度较高，但也有玉米味。

参见第90~95页。

琥珀拉格啤酒

这款德国啤酒拥有强烈的烘烤麦芽的风味和香气，一般在春季开始酿造，并在地窖中贮藏过夏。

外观：暗金色至深橙色，水晶般清透，拥有绵长的白色泡沫。

口感：浓郁复合的麦芽味，通过大量的酒花来调和。

香味：略经烘烤的麦香味，几乎没有酒花味。

酒精度：4.5%~5.7%（ABV）

EU 欧洲琥珀啤酒味道很甜，混合有麦芽香味。

US 美国琥珀啤酒较为烈性，有明显的酒花香味。

参见第96~98页。

博克等深色拉格啤酒

通常博克啤酒色泽较深，烈性并带有甜味。其他深色拉格啤酒色泽从深琥珀色到漆黑色。

外观：色泽较深，有丰富的乳白色泡沫。

口感：博克啤酒口感顺滑醇厚，有焦糖味，酒花味较淡。其他深色拉格啤酒则带有轻微的焦煳味，余味清新爽口。

香味：博克啤酒带有强烈的烘烤麦芽味，几乎没有酒花香味。其他深色拉格啤酒则带有少许巧克力、焦糖或坚果味。

酒精度：4.2%~14%（ABV），依品种而定

DE 几种博克类型的啤酒都来自德国。经典博克啤酒味甜，酒精度高，有淡淡的果香；双料博克啤酒色泽深，酒精度高，苦味重；博克淡啤酒色泽较浅，麦香味淡，酒花味重。

参见第99~107页。

这款纯净的拉格啤酒，色泽呈淡稻草色，口感新鲜爽口，冷饮最佳。较低的酒精含量使其热量也较低。

淡色拉格啤酒 (Light Lager)

麦汁原始比重1.038 **预期最终比重**1.011 **总用水量：**30.7L

产量：23L

品饮期：5周

预估酒精度（ABV）：3.4%

苦味值：9.4IBU

色度：5.5EBC

糖化

用水量：9.3L **用时：**1小时 **温度：**65℃

谷物清单	用量
拉格麦芽	2.81kg
玉米片	939g

煮沸

用水量：27L **用时：**1小时15分钟

酒花	用量	苦味值	何时添加
哈拉道赫斯布鲁克3.5%	20g	8.5IBU	煮沸开始后
哈拉道赫斯布鲁克3.5%	10g	0.8IBU	煮沸结束前5分钟

其他	用量	何时添加
澄清絮凝剂	1匙	煮沸结束前15分钟

发酵

温度：12℃ **后熟期：**3℃下需4周

酵母：

W酵母：捷克百威啤酒酵母2000

小贴士
酿造拉格啤酒时，最好大量使用蒸馏水或去离子水，以维持合理的pH，避免产生异味。

这款金色欧式拉格啤酒口感顺滑，酒体饱满，可饮性高，麦芽芳香迷人，余味清爽。

欧洲拉格啤酒 (European Lager)

麦汁原始比重1.045　预期最终比重1.015　总用水量：34L

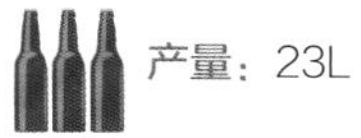
产量：23L

品饮期：5周

预估酒精度（ABV）：4.6%

苦味值：25.7IBU

色度：5.6EBC

糖化

用水量：14L　用时：1小时　温度：65℃

谷物清单	用量
比尔森麦芽	3.95kg
大麦片	400g
比尔森焦糖麦芽	135g

煮沸

用水量：27L　用时：1小时15分钟

酒花	用量	苦味值	何时添加
北酿 8%	26g	23.8IBU	煮沸开始后
哈拉道赫斯布鲁克 3.5%	12g	1.7IBU	煮沸结束前10分钟
哈拉道赫斯布鲁克 3.5%	15g	0.1IBU	煮沸结束前1分钟

其他	用量	何时添加
澄清絮凝剂	1匙	煮沸结束前15分钟

发酵

温度：12℃　后熟期：3℃下需4周

酵母：

怀特实验室：德国拉格啤酒酵母WLP830

这是一款经典的美式拉格啤酒，淡淡的酒花香，与干爽的酵母特性和柔和的苦味完美融合在一起。

美国优质拉格啤酒 (Premium American Lager)

麦汁原始比重1.055 预期最终比重1.014 总用水量：33L

 产量：23L

 品饮期：5周

 预估酒精度（ABV）：5.5%

 苦味值：19IBU

 色度：7.4EBC

糖化

用水量：13L 用时：1小时 温度：65℃

谷物清单	用量
拉格麦芽	4.6kg
大米片	926g

煮沸

用水量：27L 用时：1小时15分钟

酒花	用量	苦味值	何时添加
北酿8%	22g	18.8IBU	煮沸开始后
萨兹4.2%	11g	0.2IBU	煮沸结束前1分钟

其他	用量	何时添加
澄清絮凝剂	1匙	煮沸结束前15分钟

发酵

温度：12℃ 后熟期：3℃下需4周

酵母：

怀特实验室：比尔森啤酒酵母WLP800

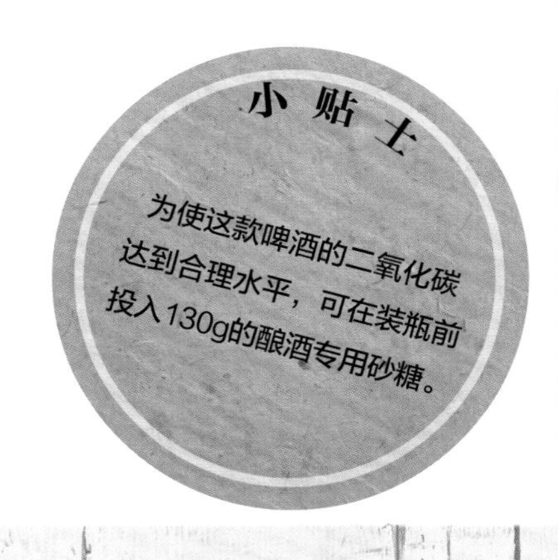

小贴士
为使这款啤酒的二氧化碳达到合理水平，可在装瓶前投入130g的酿酒专用砂糖。

略经烘焙的麦芽，带来混合着麦香味的轻微谷物味，通过辛辣的中早熟酒花的淡淡苦味与酒花香达到平衡。

慕尼黑淡色啤酒 (Munich Helles)

麦汁原始比重1.049　**预期最终比重**1.012　**总用水量**：32L

 产量：23L　 品饮期：5周　 预估酒精度（ABV）：4.9%　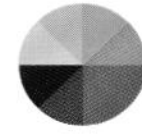 苦味值：17.1IBU　色度：6.3EBC

糖化

用水量：12L　**用时**：1小时　**温度**：65℃

谷物清单	用量
比尔森麦芽	4.38kg
比尔森焦糖麦芽	200g
维也纳麦芽	175g

煮沸

用水量：27L　**用时**：1小时15分钟

啤酒花	用量	苦味值	何时添加
中早熟哈拉道 5%	27g	14.9IBU	煮沸开始后
中早熟哈拉道 5%	20g	2.2IBU	煮沸结束前5分钟

其他	用量	何时添加
澄清絮凝剂	1匙	煮沸结束前15分钟

发酵

温度：12℃　**后熟期**：3℃下需4周

酵母：

W酵母：丹麦拉格啤酒酵母2042

这款麦芽味清淡的金色啤酒，带有轻微的辛辣酒花香，余味甘甜圆润。

多特蒙德出口型啤酒 (Dortmunder Export)

麦汁原始比重1.054　预期最终比重1.015　总用水量：32L

 产量：23L

 品饮期：5周

 预估酒精度（ABV）：5.1%

 苦味值：27.2IBU

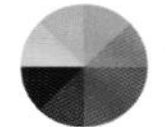 色度：6EBC

糖化

用水量：13.1L　用时：1小时　温度：65℃

谷物清单	用量
比尔森麦芽	5kg
慕尼黑麦芽	250g

煮沸

用水量：27L　用时：1小时15分钟

酒花	用量	苦味值	何时添加
泰特昂 4.5%	40g	19.2IBU	煮沸开始后
哈拉道赫斯布鲁克 3.5%	26g	3.5IBU	煮沸结束前10分钟
泰特昂 4.5%	26g	4.5IBU	煮沸结束前10分钟
哈拉道赫斯布鲁克 3.5%	13g	0	煮沸结束时

其他	用量		何时添加
澄清絮凝剂	1匙		煮沸结束前15分钟

发酵

温度：12℃　后熟期：3℃下需4周

酵母：

W酵母：波西米亚拉格啤酒酵母2124

这款墨西哥式啤酒，色淡、爽口、新鲜，是酷夏佳品。搭配酸橙饮用，风味更为纯正。

墨西哥啤酒 (Mexican Cerveza)

麦汁原始比重1.046　预期最终比重1.012　总用水量：31.5L

 产量：23L　 品饮期：5周　 预估酒精度（ABV）：4.6%　 苦味值：23.5 IBU　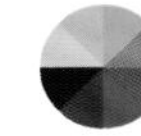 色度：5.1EBC

糖化

用水量：11.5L　用时：1小时　温度：65℃

谷物清单	用量
比尔森麦芽	3.86kg
比尔森焦糖麦芽	270g
大米片	450g

煮沸

用水量：27L　用时：1小时15分钟

酒花	用量	苦味值	何时添加
北酿 8%	14g	12.5IBU	煮沸开始后
水晶 3.5%	18g	7.1IBU	煮沸结束前1小时
水晶 3.5%	28g	3.9IBU	煮沸结束前10分钟

其他	用量	何时添加
澄清絮凝剂	1匙	煮沸结束前15分钟

发酵

温度：12℃　后熟期：3℃下需4周

酵母：

怀特实验室：墨西哥拉格啤酒酵母WLP940

麦芽浸出物酿造版

在65℃下，将300g的比尔森焦糖麦芽在27L的水中浸渍30分钟。然后取出麦芽，加入2.75kg的淡色麦芽粉，加热至沸腾，再加入配方指定的酒花。

得益于空知王牌和萨兹酒花，这款拉格啤酒非常干爽，风味醇厚。如酒名所示，谷物清单中包含了大米片。

日本大米拉格啤酒 (Japanese Rice Lager)

麦汁原始比重1.052 **预期最终比重**1.013 **总用水量**：33L

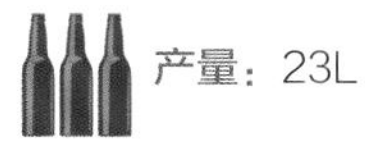 产量：23L  品饮期：5周  预估酒精度（ABV）：5.3%  苦味值：25IBU 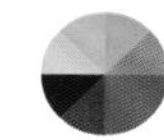 色度：7.3EBC

糖化

用水量：13L **用时**：1小时 **温度**：65℃

谷物清单	用量
比尔森麦芽	4.7kg
大米片	500g

煮沸

用水量：27L **用时**：1小时15分钟

酒花	用量	苦味值	何时添加
空知王牌 14.9%	13g	21.0IBU	煮沸开始后
空知王牌 14.9%	5g	4.0IBU	煮沸结束前15分钟
萨兹 4.2%	5g	0	煮沸结束时

其他	用量	何时添加
澄清絮凝剂	1匙	煮沸结束前15分钟

发酵

温度：12℃
后熟期：3℃下需4周

酵母：
W酵母：捷克比尔森啤酒酵母2278

这款新鲜、色淡的比尔森啤酒，风味鲜明，捷克萨兹酒花释放出带有辛辣味的酒花香。

捷克比尔森啤酒 (Czech Pilsner)

麦汁原始比重1.048　预期最终比重1.014　总用水量：31.6L

产量：23L

品饮期：5周

预估酒精度（ABV）：4.4%

苦味值：25IBU

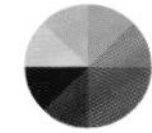
色度：5EBC

糖化

用水量：11.6L　用时：1小时　温度：65℃

谷物清单	用量
比尔森麦芽	4.66kg

煮沸

用水量：27L　用时：1小时15分钟

酒花	用量	苦味值	何时添加
捷克萨兹 4.2%	46g	21.9IBU	煮沸开始后
捷克萨兹 4.2%	19g	3.1IBU	煮沸结束前10分钟
捷克萨兹 4.2%	19g	0	煮沸结束时

其他	用量	何时添加
澄清絮凝剂	1匙	煮沸结束前15分钟

发酵

温度：12℃　后熟期：3℃下需4周

酵母：

W酵母：比尔森源泉拉格啤酒酵母2001

麦芽浸出物酿造版

在27L的水中，加入3kg的特淡麦芽粉，加热至沸腾，再按配方加入指定的酒花。

这款比尔森啤酒浓烈的酒精味，在饼干麦芽和比尔森焦糖麦芽的作用下，与酒花的苦味完美融合在一起。

帝国比尔森啤酒 (Imperial Pilsner)

麦汁原始比重1.079　**预期最终比重**1.022　**总用水量**：38L

 **产量**：23L
 **品饮期**：7周
 **预估酒精度（ABV）**：7.7%
 **苦味值**：60IBU
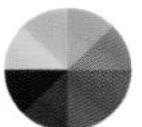 **色度**：10.2EBC

糖化

用水量：19L　**用时**：1小时　**温度**：65℃

谷物清单	用量
比尔森麦芽	7.25kg
比尔森焦糖麦芽	290g
饼干麦芽	200g

煮沸

用水量：27L　**用时**：1小时15分钟

酒花	用量	苦味值	何时添加
中早熟哈拉道 5%	110g	25.4IBU	煮沸开始后
中早熟哈拉道 5%	73g	5.9IBU	煮沸结束前10分钟
中早熟哈拉道 5%	110g	0	煮沸结束时

其他	用量	何时添加
澄清絮凝剂	1匙	煮沸结束前15分钟

发酵

温度：12℃　**后熟期**：3℃下需6周

酵母：
W酵母：波西米亚拉格啤酒酵母2124

小贴士
煮沸时，增加饼干麦芽的用量（最高500g/kg），可使啤酒的烘烤味和香味更加强烈。

麦芽浸出物版本

在65℃下，将290g的比尔森焦糖麦芽和200g的饼干麦芽在27L的水中浸渍30分钟。然后取出麦芽，加入4.6kg的特浅麦芽粉，加热至沸腾，然后按配方加入指定的酒花。

这款清净爽口的啤酒带有相当强烈的酒花苦味，这种风味特色因德国用水中较高的硫酸盐含量而十分突出。

德国比尔森啤酒 (German Pilsner)

麦汁原始比重1.046　**预期最终比重**1.012　**总用水量：**31.5L

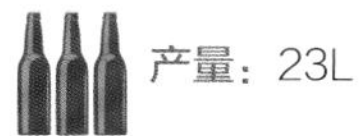 产量：23L　 品饮期：5周　 预估酒精度（ABV）：4.5%　 苦味值：30.2IBU　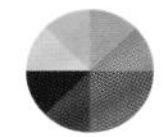 色度：5EBC

糖化

用水量：11.3L　**用时：**1小时　**温度：**65℃

谷物清单	用量
比尔森麦芽	4.55kg

煮沸

用水量：27L　**用时：**1小时15分钟

酒花	用量	苦味值	何时添加
斯派尔特精选 4.5%	50g	25.7IBU	煮沸开始后
斯派尔特精选 4.5%	25g	4.5IBU	煮沸结束前10分钟
斯派尔特精选 4.5%	17g	0	煮沸结束时

其他	用量	何时添加
澄清絮凝剂	1匙	煮沸结束前15分钟

发酵

温度：12℃　**后熟期：**3℃下需4周

酵母：
W酵母：比尔森拉格啤酒酵母2007

麦芽浸出物版本

在27L的水中加入2.9kg的特浅麦芽粉，加热至沸腾，然后按照配方加入指定的酒花。

在萨士酒花的作用下，使得这款啤酒麦香醇厚，并伴有宜人的辛辣感和酒花香，让人欲罢不能。

波西米亚比尔森啤酒 (Bohemian Pilsner)

麦汁原始比重1.051　预期最终比重1.014　总用水量：32L

 产量：23L　 品饮期：4~5周　 预估酒精度（ABV）：4.9%　 苦味值：35.4IBU　 色度：6.9EBC

糖化

用水量：12.5L　用时：1小时　温度：65℃

谷物清单	用量
波西米亚比尔森麦芽	5kg

煮沸

用水量：27L　用时：1小时15分钟

酒花	用量	苦味值	何时添加
萨兹 4.2%	77g	35.4IBU	煮沸开始后
萨兹 4.2%	38g	0	煮沸结束时

其他	用量	何时添加
澄清絮凝剂	1匙	煮沸结束前15分钟

发酵

温度：12℃　后熟期：3℃下需4周

酵母：

W酵母：波西米亚拉格啤酒酵母2124

小贴士
采用煮出糖化法（参见第59页），可以获得醇厚的麦芽风味。酿造时，需要取出部分醪液，单独煮沸，使糖分焦糖化。

由于煮沸时较晚添加了美国酒花，让这款金色啤酒的酒花芳香与玉米般的麦芽香完美融合在一起。

美国比尔森啤酒 (American Pilsner)

麦汁原始比重1.048　预期最终比重1.012　总用水量：32L

 产量：23L　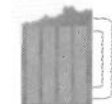 品饮期：5周　 预估酒精度（ABV）：4.8%　 苦味值：30.6IBU　 色度：6.4EBC

糖化

用水量：12L　用时：1小时　温度：65℃

谷物清单	用量
拉格麦芽	3.5kg
玉米片	1.3kg

煮沸

用水量：27L　用时：1小时15分钟

酒花	用量	苦味值	何时添加
克拉斯特 7.5%	20g	16.9IBU	煮沸开始后
利伯蒂 4.5%	15g	2.7IBU	煮沸结束前10分钟
水晶 3.5%	15g	2.1IBU	煮沸结束前10分钟
利伯蒂 4.5%	10g	1.0IBU	煮沸结束前5分钟
水晶 3.5%	10g	0.8IBU	煮沸结束前5分钟
利伯蒂 4.5%	32g	0	煮沸结束时
水晶 3.5%	32g	0	煮沸结束时

其他	用量	何时添加
澄清絮凝剂	1匙	煮沸结束前15分钟

发酵

温度：12℃　后熟期：3℃下需4周

酵母：

W酵母：美国拉格啤酒酵母2035

这款啤酒有轻微的烘烤麦芽香气和清爽的拉格啤酒特色。在制麦过程中，维也纳麦芽会在高温作用下，释放出与众不同的风味。

维也纳拉格啤酒 (Vienna Lager)

麦汁原始比重1.050　预期最终比重1.011　总用水量：32L

产量：23L

品饮期：5周

预估酒精度（ABV）：5.1%

苦味值：26.5IBU

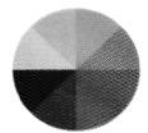
色度：19.7EBC

糖化

用水量：12L　用时：1小时　温度：65℃

谷物清单	用量
维也纳麦芽	4.16kg
慕尼黑麦芽	670g
蛋白黑素麦芽	125g
巧克力麦芽	50g

煮沸

用水量：27L　用时：1小时15分钟

酒花	用量	苦味值	何时添加
北酿 8%	30g	20.1IBU	煮沸开始后
哈拉道赫斯布鲁克 3.5%	15g	0	煮沸结束时
泰特昂 4.5%	15g	0	煮沸结束时

其他	用量	何时添加
澄清絮凝剂	1匙	煮沸结束前15分钟

发酵

温度：12℃　后熟期：3℃下需4周

酵母：
怀特实验室：德国啤酒酵母WLP830

小贴士
如果希望获得淡淡的柑橘回味，可以尝试在煮沸结束时，用等量的利伯蒂酒花替换泰特昂酒花。

这款德国啤酒一般在春季时酿造，夏季贮藏在冰冷的酒窖或冰窖中，然后在秋季的啤酒狂欢节时尽情畅饮。

十月庆典啤酒(Oktoberfest)

麦汁原始比重1.057　预期最终比重1.017　总用水量：32L

 产量：23L　 品饮期：5周　 预估酒精度（ABV）：5.3%　 苦味值：25.2IBU　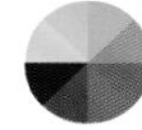 色度：13.6EBC

糖化

用水量：12L　用时：1小时　温度：65℃

谷物清单	用量
维也纳麦芽	4kg
慕尼黑麦芽	800g
比尔森焦糖麦芽	750g
水晶麦芽	100g

煮沸

用水量：27L　用时：1小时15分钟

酒花	用量	苦味值	何时添加
佩勒 8%	27g	23.1IBU	煮沸开始后
中早熟哈拉道 5%	5g	2.1IBU	煮沸结束前30分钟

其他	用量	何时添加
澄清絮凝剂	1匙	煮沸结束前15分钟

发酵

温度：12℃　后熟期：3℃下需4周

酵母：

怀特实验室：十月庆典啤酒酵母WLP820

小贴士
如果你能抵挡住诱惑，让这款啤酒在冰窖中尽可能久地贮藏，则会使其风味更加美妙。

作为博克啤酒大家庭的最新成员，这款啤酒采用博克淡色啤酒酵母，回味清爽，并在唇齿间留有麦芽和酒花的双重风味。

博克淡啤酒 (Helles Bock)

麦汁原始比重1.072 **预期最终比重**1.019 **总用水量**：35L

 **产量**：23L  **品饮期**：7周 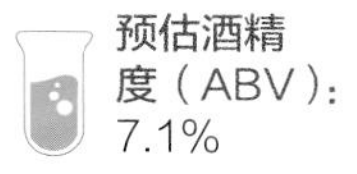 **预估酒精度（ABV）**：7.1%  **苦味值**：32IBU 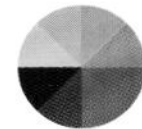 **色度**：17.5EBC

糖化

用水量：18L **用时**：1小时 **温度**：65℃

谷物清单	用量
比尔森麦芽	3.75kg
慕尼黑麦芽	2.47g
比利时香麦芽	600g
蛋白黑素麦芽	250g

煮沸

用水量：27L **用时**：1小时15分钟

酒花	用量	苦味值	何时添加
北酿 8%	40g	30.2IBU	煮沸开始后
斯派尔特精选 4.5%	10g	2.0IBU	煮沸结束前15分钟
斯派尔特精选 4.5%	8g	0	煮沸结束时

其他	用量	何时添加
澄清絮凝剂	1匙	煮沸结束前15分钟

发酵

温度：12℃ **后熟期**：3℃下需6周

酵母：
W酵母：博克淡啤酒酵母2487

小 贴 士
如果找不到博克淡色啤酒酵母，可以用W酵母：波西米亚拉格酵母2124来替代。

14世纪首次在德国艾恩贝克地区酿造，之后由慕尼黑的酿酒师改进工艺。这是一款色泽深、味道浓烈，并带有麦芽香的拉格啤酒，酒花味非常淡。

经典博克啤酒 (Traditional Bock)

麦汁原始比重1.064　**预期最终比重**1.015　**总用水量**：35L

 **产量**：23L

 **品饮期**：5周

 **预估酒精度（ABV）**：6.5%

 **苦味值**：22IBU

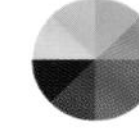 **色度**：29.1EBC

糖化

用水量：19L　**用时**：1小时　**温度**：65℃

谷物清单	用量
淡色麦芽	2.75kg
慕尼黑麦芽	2.75kg
比尔森焦糖麦芽	550g
特种B级麦芽	350g

煮沸

用水量：27L　**用时**：1小时15分钟

酒花	用量	苦味值	何时添加
北酿 8%	24g	18.9IBU	煮沸开始后
泰特昂 4.5%	10g	3.2IBU	煮沸结束前30分钟

其他	用量	何时添加
澄清絮凝剂	1匙	煮沸结束前15分钟

发酵

温度：12℃　**后熟期**：3℃下需4周

酵母：

W酵母：波西米亚拉格啤酒酵母2206

与经典博克啤酒（参见100页）相比，这款啤酒更为强烈，麦香味也更浓。200多年前由修道士们首次酿造出来，在斋戒期作为“液体面包”来饮用。

双料博克啤酒 (Doppelbock)

麦汁原始比重1.075　**预期最终比重**1.021　**总用水量：**35L

 **产量：**23L　 **品饮期：**7周　 **预估酒精度（ABV）：**7.3%　 **苦味值：**20.7IBU　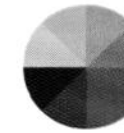 **色度：**31.8EBC

糖化

用水量：18.9L　**用时：**1小时　**温度：**65℃

谷物清单	用量
比尔森麦芽	2.8kg
慕尼黑麦芽	4.2kg
比尔森焦糖Ⅱ型麦芽	286g
焙烤特种Ⅱ型麦芽	114g

煮沸

用水量：27L　**用时：**1小时10分钟

酒花	用量	苦味值	何时添加
佩勒 8%	20g	14.4IBU	煮沸开始后
泰特昂 4.5%	20g	6.0IBU	煮沸结束前30分钟

其他	用量	何时添加
澄清絮凝剂	1匙	煮沸结束前15分钟

发酵

温度：12℃　**后熟期：**3℃下需6周

酵母：

W酵母：波西米亚拉格啤酒酵母2124

这款醇厚浓烈的啤酒带有麦芽香和深沉的色泽，其酒精度数高，回味时有悠然绵长的巧克力味，是一款值得细细品味的佳酿。

博克冰啤酒 (Eisbock)

麦汁原始比重1.113　**预期最终比重**1.026　**总用水量：**40L

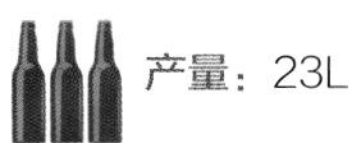 **产量：**23L  **品饮期：**7周  **预估酒精度（ABV）：**11.8% 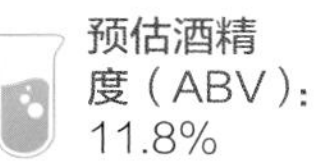 **苦味值：**30.4IBU  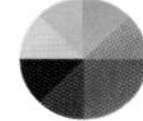 **色度：**40EBC

糖化

用水量：27L　**用时：**1小时　**温度：**65℃

谷物清单	用量
淡色麦芽	4.75kg
慕尼黑麦芽	5.7kg
大麦片	380g
巧克力麦芽	100g
焙烤特种Ⅰ型麦芽	95g

煮沸

用水量：27L　**用时：**1小时15分钟

酒花	用量	苦味值	何时添加
北酿 8%	32g	17.4IBU	煮沸开始后
佩勒 8%	32g	13.0IBU	煮沸结束前30分钟

其他	用量	何时添加
澄清絮凝剂	1匙	煮沸结束前15分钟

发酵

温度：12℃　**后熟期：**3℃下需6周

酵母：

W酵母：慕尼黑拉格啤酒酵母2308

这款爽口的深色拉格啤酒在赫斯布鲁克和佩勒两种酒花的作用下，带有清淡的酒花芳香，口感顺滑，回味清爽。

深色美国拉格啤酒 (Dark American Lager)

麦汁原始比重1.055　预期最终比重1.013　总用水量：33L

产量：23L

品饮期：5周

预估酒精度（ABV）：5.6%

苦味值：19IBU

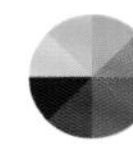
色度：31.9EBC

糖化

用水量：14L　用时：1小时　温度：65℃

谷物清单	用量
比尔森麦芽	3.54kg
慕尼黑麦芽	766g
玉米片	709g
特种B级麦芽	300g
水晶麦芽60L	153g
焙烤特种III 型麦芽	50g

煮沸

用水量：27L　用时：1小时15分钟

酒花	用量	苦味值	何时添加
北酿 8%	22g	18.9IBU	煮沸开始后
佩勒 8%	6g	0.2IBU	煮沸结束前1分钟
哈拉道赫斯布鲁克 3.5%	10g	0	煮沸结束时

其他	用量	何时添加
澄清絮凝剂	1匙	煮沸结束前15分钟

发酵

温度：12℃　后熟期：3℃下需4周

酵母：

W酵母：美国拉格啤酒酵母2035

巧克力和焦糖风味与慕尼黑麦芽醇厚的麦芽香甜味完美融合在一起，成就了一款酒体饱满、余味顺滑的经典啤酒。

慕尼黑深色啤酒 (Munich Dunkel)

麦汁原始比重1.055　**预期最终比重**1.013　**总用水量**：33L

 **产量**：23L

 **品饮期**：5周

 **预估酒精度（ABV）**：5.5%

 **苦味值**：27.4IBU

 **色度**：34.4EBC

糖化

用水量：14L　**用时**：1小时　**温度**：65℃

谷物清单	用量
拉格麦芽	2kg
慕尼黑麦芽	3kg
饼干麦芽	200g
巧克力麦芽	100g
焙烤特种II 型麦芽	80g

煮沸

用水量：27L　**用时**：1小时15分钟

酒花	用量	苦味值	何时添加
玛格努姆 11%	23g	26.9IBU	煮沸开始后
中早熟哈拉道 5%	5g	0.5IBU	煮沸结束前5 分钟
中早熟哈拉道 5%	9g	0	煮沸结束时

其他	用量	何时添加
澄清絮凝剂	1匙	煮沸结束前15分钟

发酵

温度：12℃　**后熟期**：3℃下需4周

酵母：

福蒙蒂斯W34/70酵母

小贴士
采用三次煮出糖化（参见第59页），可以提升啤酒的麦香味，并使色泽更为深沉。

这款啤酒在色泽上如世涛啤酒一般黑，但口感干净新鲜，并带有淡淡的拉格啤酒的余味。这种奇妙且不常见的啤酒总会给我们带来惊喜，并留下深刻印象。

黑色拉格啤酒 (Black Lager)

麦汁原始比重1.051 **预期最终比重**1.012 **总用水量**：32L

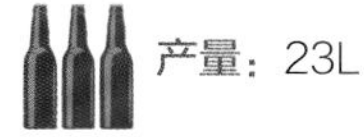 **产量**：23L  **品饮期**：5周  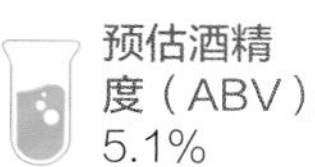 **预估酒精度（ABV）**：5.1%  **苦味值**：38IBU  **色度**：57EBC

糖化

用水量：13L **用时**：1小时 **温度**：65℃

谷物清单	用量
淡色麦芽	4.5kg
蛋白黑素麦芽	250g
巧克力麦芽	100g
焙烤特种III型麦芽	150g

煮沸

用水量：27L **用时**：1小时15分钟

酒花	用量	苦味值	何时添加
百周年 8.5%	32g	28.5IBU	煮沸开始后
哈拉道赫斯布鲁克 3.5%	54g	9.9IBU	煮沸结束前15分钟
哈拉道赫斯布鲁克 3.5%	46g	0	煮沸结束时

其他	用量	何时添加
澄清絮凝剂	1匙	煮沸结束前15分钟

发酵

温度：14℃ **后熟期**：3℃下需4周

酵母：
W酵母：丹麦拉格啤酒酵母2042

麦芽浸出物酿造版本

在65℃下，将250g的蛋白黑素麦芽，100g的巧克力麦芽和150g的焙烤特种III型麦芽在27L的水中浸渍30分钟，然后取出，加入3.3kg的特浅干麦芽粉，加热至沸腾，最后按配方加入指定的酒花。

爱尔啤酒

作为自酿者的最爱，爱尔啤酒制作起来简单快捷，并且可以在室温下完成，后熟期较短。

爱尔啤酒是一种历史悠久、风味浓郁的啤酒。比如，在中世纪，由于缺乏安全新鲜的饮用水，所以人们整日饮用低酒精度啤酒（亦称“低醇啤酒”），将其作为碳水化合物和营养的来源。

上面发酵酵母

现代爱尔啤酒使用上面发酵酵母在16~22℃酿成。在前发酵，这些酵母会浮到麦汁表面，因而可以产生许多风味化合物和酯类，并给所酿成的啤酒带来丰富的果香味和麦香味。

麦芽和酒花

爱尔麦汁中的多数可发酵糖来自淡色的已发芽大麦，并与颜色较深的麦芽混合以获取额外的特色。酒花在所有爱尔啤酒中得到广泛应用，可以产生苦味、风味和香气，并帮助啤酒保鲜，调和酒精味。由于有相当多的麦芽和酒花可供选择，所以对于爱尝试的自酿者而言，充满了无穷的可能性。

爱尔啤酒通常冷饮，无需冰镇，即可完全释放出麦芽和酒花的风味和香气。其二氧化碳水平较低，并且事实上，爱尔啤酒最好是保存在酒桶里并从中取饮，而不是借助于酒瓶。

淡色爱尔啤酒

常用大量淡色麦芽和软水酿造而成，口感顺滑，并与苦味相调和。

外观：浅稻草色至淡金色，泡沫层浅薄但绵长。

口感：口感顺滑，有乳脂味，并伴有淡淡的酒花苦味，其风味深受酵母影响。

香味：淡淡麦芽香味，并带有不同种类的酒花特有的芳香，比如来自英国的酒花会释放出淡淡的花香。

酒精度：4%~6%（ABV）

GB 英国淡色爱尔啤酒含有些许花香，苦味不重，可能有淡淡的奶油糖果余味。

BE 比利时淡色爱尔啤酒酒精度数高，带有比利时啤酒酵母产生的辛辣味。

US 美国淡色爱尔啤酒含有浓郁的酒花香和柑橘味，余味清爽纯净。

参见第112~130页。

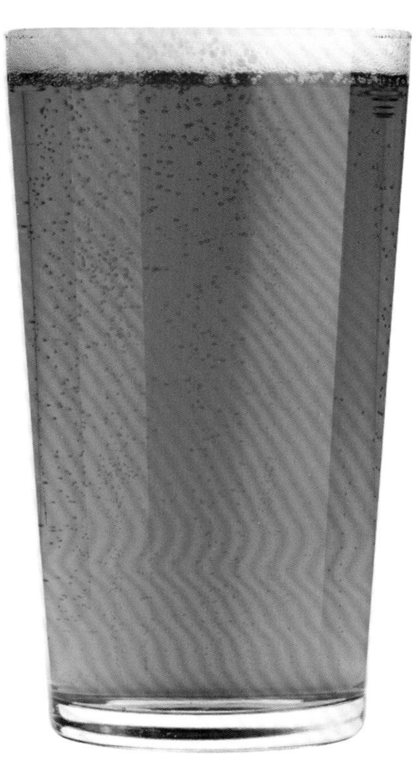

印度淡色爱尔啤酒（IPA）

IPA中酒花含量多，酒精度数高，为应对漫长的海运而酿造。

外观：浅稻草色至深金色，透明度高，泡沫层浅薄但绵长。

口感：烈性，辛辣的酒精味伴有顺滑的苦味，余味清爽。

香味：酒花香味适中，麦芽味和焦糖味也中等。

酒精度：5%~7.5%（ABV）

GB 英式IPA含有轻微的酒花香和辛辣的酒花味。虽然苦味显著，但可以与酒精味完美融合在一起。

US 美式IPA在美国啤酒花的作用下，产生强烈的柑橘味和酒花香。由于苦味更重，所以比起它的英式同类型啤酒口感更为浓烈。

参见第131~136页。

拉比克酸爱尔啤酒

这种爱尔啤酒采用野生酵母，所以产生酸味，常用水果味或辛辣味进行中和。

外观：依种类而定，不过通常呈水果颜色，并相当浑浊，有乳脂般的泡沫层。

口感：依种类而定，不过一般为甜味、酸味，带刺痛感，并相当明显。

香味：浓郁的果香味，常伴有辛辣感。

酒精度：3.2%~7%（ABV）

BE 比利时拉比克酸爱尔啤酒一般酒精度数高，经过长期窖藏后，风味醇厚复杂，如同上好的红酒。

DE 德国拉比克酸爱尔啤酒味酸，带一点水果味，高碳酸，余味十分清爽。酒精含量低，有绵长的乳脂般泡沫层。

参见第137~139页。

苦啤酒

多为商业酿酒商生产，CO_2含量低，通过手压泵从桶中取饮最佳。

外观：淡金色至深铜色，透明度高，泡沫少。

口感：甜淡苦重，并完美融合。多为焦糖味或淡淡的果香味。

香味：中度至较轻的酒花味，有麦芽香味，并不时伴有焦糖味。

酒精度：3.2%~6%（ABV）

GB 英国苦啤酒酒花味淡，酒精度数偏低，带有水果般的甘甜余味。苏格兰苦啤酒低温发酵而成，酒体更为清，口感更加清爽。

参见第140~149页。

烈性爱尔啤酒

多为特定场合而酿造，适度饮用最佳。其中大部分后熟期和陈酿期越长，风味越美妙。

外观：浅铜色至深红色，富含纯白绵密的泡沫层。有时略显浑浊。

口感：依品种而定，不过通常有辛辣味和麦芽味，并伴有发酵时产生的果香味。

香味：几近于无的酒花味，但有麦芽味和焦糖味。

酒精度：6%~9%（ABV）

GB 英国烈性爱尔啤酒经常加入季节性药草和香料，口感醇厚。酒精度数高，色泽呈深琥珀色。

BE 比利时烈性爱尔啤酒全年都可酿造，色泽浅淡，在独特酵母菌株的作用下，有明显的辛辣味。

参见第150~159页。

棕色爱尔啤酒

经典的英式啤酒，但日渐稀少。主要在英格兰北部酿造，其他地方需求不多。

外观：深琥珀色至红棕色，有纯白的泡沫层。

口感：坚果味，伴有焦糖味和饼干味。苦味适中，与甜味相融合。

香味：酒花香淡，有明显的麦芽香和焦糖味。

酒精度：2.8%~5.4%（ABV）

GB 北英国棕色爱尔啤酒酒精度高，有麦芽香和坚果味；其南方同类色泽更深，味道更甜，酒精度也偏低。

参见第160~163页。

淡味麦芽啤酒

酒精浓度低，风味较淡，所以可以大量饮用。虽然越来越少见，但依然流行于英格兰部分地区。

外观：深铜色至深棕色，泡沫层较少且持久性弱。

口感：口味清淡并带有淡淡的酒花味。酒精度数低，但风味出众。

香味：酒花香几近于无，带有焦糖味、饼干味和烘烤过的香味。

酒精度：2.8%~4.5%（ABV）

GB 一般来说，这种啤酒流行于英国中部地区，口感清新，价格低廉，多为工人所消费。

参见第164~165页。

大麦啤酒

之所以如此命名，是因为大麦酒酒精度特别高，并且有复合的风味，使其常与葡萄酒联系起来。

外观：深金色至深琥珀色。由于酒精含量高，所以晃动时，会出现挂壁现象。

口感：味甜，麦芽味中混合了焦糖、果干、坚果和太妃糖般的味道。

香味：有点酒花香，伴有强烈的麦芽味和焦糖味。陈酿后，如同雪莉酒一般。

酒精度：8%~12%（ABV）

GB 英国大麦酒有强烈的水果与焦糖混合的风味。些微的苦味与啤酒花味，和高酒精度完美融合在一起。

US 美国大麦酒中，较高的酒花苦味与复合的麦芽味巧妙融合，常带有柠檬味。

参见第166~168页。

波特啤酒

波特啤酒始于18世纪的伦敦，传承自棕色爱尔啤酒，街边和河边的搬运工最爱饮用，并因此而得名。

外观：深棕色或黑色。

口感：轻微的烘烤味，浓郁的麦芽香，偶有一点甘草味。

香味：烘烤芳香，带点巧克力味、麦芽味和淡淡的烟熏味。

酒精度：4%~7%（ABV）

EU 波罗的海波特啤酒，起源于波罗的海诸国，一般来说，酒精度高，带有麦芽甜味。常像拉格啤酒一样采用下面发酵。

参见第169~173页。

世涛啤酒

波特啤酒的近亲，最早被称为“世涛波特啤酒”，属于烈性更高的一种啤酒。这款啤酒酒体饱满，色泽深沉。

外观：深棕色至墨黑色。常充氮后饮用，有浓密乳脂般的红褐色泡沫层，杀口力轻。

口感：烘烤后的焦煳味，乳脂般顺滑的口感，酒花苦味低至中度。

香味：烘烤咖啡的香气，偶有巧克力味，酒花味几近于无。

酒精度：4%~7%（ABV）

IE 爱尔兰世涛啤酒是经典的干型世涛啤酒，其浓密如乳脂般的泡沫层相当有名。

GB 伦敦世涛啤酒比其他世涛啤酒，原麦汁浓度较低，口感相当甜。

US 美国世涛啤酒拥有浓郁的酒花苦味和香味。

参见第174~181页。

银河和韦特两种酒花释放出宜人的柑橘风味和芳香，使这款极为新鲜的啤酒与麦香味融合在一起。

春季啤酒 (Spring Beer)

麦汁原始比重1.046　**预期最终比重**1.012　**总用水量**：31.5L

 **产量**：23L

 **品饮期**：5周

 **预估酒精度（ABV）**：4.5%

 **苦味值**：34.6IBU

 **色度**：9.3EBC

糖化

用水量：11.25L　**用时**：1小时　**温度**：65℃

谷物清单	用量
淡色麦芽	4kg
慕尼黑麦芽	500g

煮沸

用水量：27L　**用时**：1小时10分钟

酒花	用量	苦味值	何时添加
银河 14.4%	30g	34.6IBU	煮沸开始后
银河 14.4%	30g	0	煮沸结束时
韦特 4.5%	30g	0	煮沸结束时

其他	用量	何时添加
澄清絮凝剂	1匙	煮沸结束前15分钟

发酵

温度：18℃　**后熟期**：12℃下需4周

酵母：

W酵母：泰晤士河谷爱尔啤酒酵母1275

小贴士
如果想要增加啤酒的果香味，可以在发酵桶中干投25g的韦特酒花，浸泡4天（参见第63页）。

色泽呈黄褐色，并带有麦香味，煮沸时加入接骨木干花，可以让这款爱尔啤酒入口时带有明显的水蜜桃般的微妙果香味。

接骨木花爱尔啤酒 (Elderflower Ale)

麦汁原始比重1.045　预期最终比重1.011　总用水量：31.5L

 产量：23L

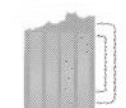 品饮期：5周

 预估酒精度（ABV）：4.5%

 苦味值：36.6IBU

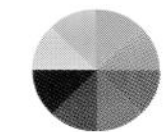 色度：13.5EBC

糖化

用水量：11.2L　用时：1小时　温度：65℃

谷物清单	用量
淡色麦芽	4.3kg
水晶麦芽	100g
巧克力麦芽	16g

煮沸

用水量：27L　用时：1小时10分钟

酒花	用量	苦味值	何时添加
挑战者 7%	56g	31.5IBU	煮沸开始后
接骨木干花	15g	0	煮沸结束前15分钟
富格尔 4.5%	28g	5.1IBU	煮沸结束前10分钟
挑战者 7%	17g	0	煮沸结束时

其他	用量	何时添加
澄清絮凝剂	1匙	煮沸结束前15分钟

发酵

温度：20℃　后熟期：12℃下需4周

酵母：

W酵母：泰晤士河谷爱尔啤酒酵母1275

麦芽浸出物版本

在65℃下，将100g的水晶麦芽和16g的巧克力麦芽在27L的水中浸渍30分钟。然后取出这些麦芽，添加2.75kg的干麦芽粉，加热至沸腾，再按配方加入指定的酒花和接骨木花。

这款宜人的淡色爱尔啤酒秋季用来庆祝谷物的丰收，并预示着季节的更替。口感新鲜爽口，并带有谷物风味和柑橘回味。

丰收淡色爱尔啤酒 (Harvest Pale Ale)

麦汁原始比重1.041　预期最终比重1.010　总用水量：31.5L

 产量：23L
 品饮期：5周
 预估酒精度（ABV）：4.2%
 苦味值：41IBU
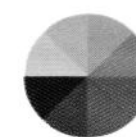 色度：11EBC

糖化

用水量：10.25L　用时：1小时　温度：65℃

谷物清单	用量
拉格麦芽	3.7kg
维也纳麦芽	200g
水晶小麦麦芽	200g

煮沸

用水量：27L　用时：1小时10分钟

酒花	用量	苦味值	何时添加
玛格努姆 16%	21g	39.3IBU	煮沸开始后
威拉米特 6.3%	7g	1.8IBU	煮沸结束前10分钟
威拉米特 6.3%	20g	0	煮沸结束时
卡斯卡特 6.6%	20g	0	煮沸结束时

其他	用量	何时添加
澄清絮凝剂	1匙	煮沸结束前15分钟

发酵

温度：18℃　后熟期：12℃下需4周

酵母：
怀特实验室：美国爱尔混合啤酒酵母WLP060

特苦啤酒是一款经典的优质淡色爱尔啤酒，烈性，有麦香味，回味时有淡淡的水果味和焦糖味，喝起来非常容易上瘾。

特苦爱尔啤酒 (ESB Ale)

麦汁原始比重1.054　预期最终比重1.016　总用水量：32.5L

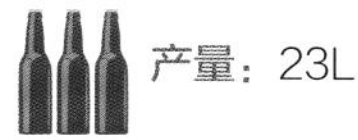 产量：23L　 品饮期：5周　 预估酒精度（ABV）：5.1%　 苦味值：32.5IBU　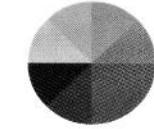 色度：16.2EBC

糖化

用水量：13.5L　用时：1小时　温度：65℃

谷物清单	用量
淡色麦芽	5kg
水晶麦芽	224g
烘干小麦	115g
巧克力麦芽	17g

煮沸

用水量：27L　用时：1小时10分钟

酒花	用量	苦味值	何时添加
挑战者 7%	38g	28.4IBU	煮沸开始后
东肯特戈尔丁 5.5%	20g	4.1IBU	煮沸结束前10分钟
富格尔 4.5%	13g	0	煮沸结束时

其他	用量	何时添加
澄清絮凝剂	1匙	煮沸结束前15分钟

发酵

温度：20℃　后熟期：12℃下需4周

酵母：

W酵母：灵伍德爱尔啤酒酵母1187

麦芽浸出物版本

在65℃下，将224g的水晶麦芽和巧克力麦芽在27L的水中浸渍30分钟。然后取出这些麦芽，添加3kg的干麦芽粉和250g的干小麦芽粉，加热至沸腾，再按配方加入指定的酒花。

阿马里洛是最为辛辣的一种酒花，也是笔者的最爱。强烈的柑橘芳香会在你开瓶后立刻弥散开来。

阿马里洛单一酒花爱尔啤酒

(Amarillo Single Hop Ale)

麦汁原始比重1.050　**预期最终比重**1.012　**总用水量：**32L

 **产量：**23L

 **品饮期：**7周

 **预估酒精度（ABV）：**5%

 **苦味值：**40IBU

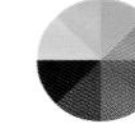 **色度：**10EBC

糖化

用水量：12.3L　**用时：**1小时　**温度：**65℃

谷物清单	用量
淡色麦芽	4.7kg
比尔森焦糖麦芽	235g

煮沸

用水量：27L　**用时：**1小时10分钟

酒花	用量	苦味值	何时添加
阿马里洛 5%	54g	29.9IBU	煮沸开始后
阿马里洛 5%	27g	7.2IBU	煮沸结束前15分钟
阿马里洛 5%	27g	2.9IBU	煮沸结束前5分钟
阿马里洛 5%	83g	0	煮沸结束时

其他	用量	何时添加
澄清絮凝剂	1匙	煮沸结束前15分钟

发酵

温度：18℃　**后熟期：**12℃下需6周

酵母：

W酵母：美国爱尔啤酒酵母1056

麦芽膏版

在65℃下，将235g的比尔森焦糖麦芽在27L的水中浸渍30分钟。然后取出这些麦芽，添加3kg的干淡色麦芽粉，加热至沸腾，再按配方加入指定的酒花。

这款独特的酒花带有美味的醋栗芳香，容易让人联想起长相思葡萄，这也是该酒花得名的原因。

尼尔森·萨维单一酒花爱尔啤酒 (Nelson Sauvin Single Hop Ale)

麦汁原始比重1.050　**预期最终比重**1.012　**总用水量**：32L

产量：23L

品饮期：7周

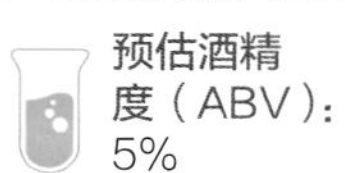
预估酒精度（ABV）：5%

苦味值：40IBU

色度：10EBC

糖化

用水量：12.3L　**用时**：1小时　**温度**：65℃

谷物清单	用量
淡色麦芽	4.7kg
比尔森焦糖麦芽	235g

煮沸

用水量：27L　**用时**：1小时10分钟

酒花	用量	苦味值	何时添加
尼尔森·萨维 12.5%	22g	29.9IBU	煮沸开始后
尼尔森·萨维 12.5%	11g	7.2IBU	煮沸结束前15分钟
尼尔森·萨维 12.5%	11g	2.9IBU	煮沸结束前5分钟
尼尔森·萨维 12.5%	33g	29.9IBU	煮沸结束时

其他	用量	何时添加
澄清絮凝剂	1匙	煮沸结束前15分钟

发酵

温度：18℃　**后熟期**：12℃下需6周

酵母：

W酵母：美国爱尔啤酒酵母1056

麦芽浸出物版本

在65℃下，将235g的比尔森焦糖麦芽在27L的水中浸渍30分钟。然后取出这些麦芽，添加3kg的干淡色麦芽粉，加热至沸腾，再按配方加入指定的酒花。

东肯特哥尔丁是一款经典的英式酒花，广受酿酒师欢迎。少许酒花香与淡淡的辛辣感在这款啤酒中完美地融合在一起。

东肯特戈尔丁单一酒花爱尔啤酒 (East Kent Golding Single Hop Ale)

麦汁原始比重1.050　预期最终比重1.012　总用水量：32L

 产量：23L

 品饮期：7周

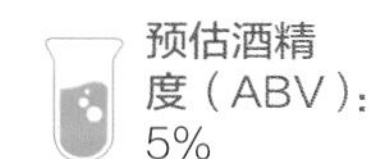 预估酒精度（ABV）：5%

 苦味值：40IBU

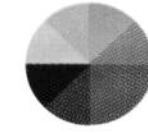 色度：10EBC

糖化

用水量：12.3L　**用时：**1小时　**温度：**65℃

谷物清单	用量
淡色麦芽	4.7kg
比尔森焦糖麦芽	235g

煮沸

用水量：27L　**用时：**1小时10分钟

酒花	用量	苦味值	何时添加
东肯特戈尔丁 5.5%	49g	29.9IBU	煮沸开始之后
东肯特戈尔丁 5.5%	24g	7.2IBU	煮沸结束前15分钟
东肯特戈尔丁 5.5%	24g	2.9IBU	煮沸结束前5分钟
东肯特戈尔丁 5.5%	75g	0	煮沸结束时

其他	用量	何时添加
澄清絮凝剂	1匙	煮沸结束前15分钟

发酵

温度：18℃　**后熟期：**12℃下需6周

酵母：

W酵母：美国爱尔啤酒酵母1056

小贴士
如果想要增加酒花香气，
可以将30g的东肯特戈尔丁
酒花在发酵桶中干投（参
见第63页）4天。

麦芽浸出物版本

在65℃下，将235g的比尔森焦糖麦芽在27L的水中浸渍30分钟。然后取出这些麦芽，添加3kg的干淡色麦芽粉，加热至沸腾，再按配方加入指定的酒花。

作为一款经典的上等酒花，萨兹是原产自欧洲中部并因香气出众而闻名的四大酒花之一。借助萨兹，这款爱尔啤酒兼具酒花香气和辛辣感。

萨兹单一酒花爱尔啤酒(Saaz Single Hop Ale)

麦汁原始比重1.050　预期最终比重1.012　总用水量：32L

 产量：23L　 品饮期：7周　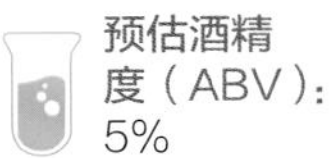 预估酒精度（ABV）：5%　 苦味值：40IBU　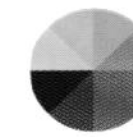 色度：10EBC

糖化

用水量：12.3L　用时：1小时　温度：65℃

谷物清单	用量
淡色麦芽	4.7kg
比尔森焦糖麦芽	235g

煮沸

用水量：27L　用时：1小时10分钟

酒花	用量	苦味值	何时添加
萨兹 4.2%	64g	29.9IBU	煮沸开始后
萨兹 4.2%	32g	7.2IBU	煮沸结束前15分钟
萨兹 4.2%	32g	2.9IBU	煮沸结束前5分钟
萨兹 4.2%	99g	0	煮沸结束时

其他	用量	何时添加
澄清絮凝剂	1匙	煮沸结束前15分钟

发酵

温度：18℃　后熟期：12℃下需6周

酵母：

W酵母：美国爱尔啤酒酵母1056

麦芽浸出物版本

在65℃下，将235g的比尔森焦糖麦芽在27L的水中浸渍30分钟。然后取出这些麦芽，添加3kg的干淡色麦芽粉，加热至沸腾，再按配方加入指定的酒花。

卡斯卡特兼有酒花香和柑橘味，深受酿酒师的欢迎。不过其柑橘味较其他品种略淡，反而带点西柚味。

卡斯卡特单一酒花爱尔啤酒
(Cascade Single Hop Ale)

麦汁原始比重1.050　预期最终比重1.012　总用水量：32L

 产量：23L　 品饮期：7周　 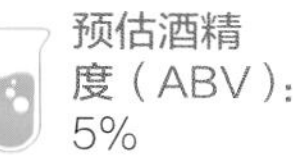 预估酒精度（ABV）：5%　 苦味值：40IBU　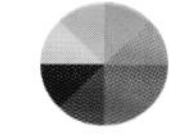 色度：10EBC

糖化
用水量：12.3L　用时：1小时　温度：65℃

谷物清单	用量
淡色麦芽	4.7kg
比尔森焦糖麦芽	235g

煮沸
用水量：27L　用时：1小时10分钟

酒花	用量	苦味值	何时添加
卡斯卡特 6.6%	41g	29.9IBU	煮沸开始后
卡斯卡特 6.6%	20g	7.2IBU	煮沸结束前15分钟
卡斯卡特 6.6%	20g	2.9IBU	煮沸结束前5分钟
卡斯卡特 6.6%	63g	0	煮沸结束时

其他	用量	何时添加
澄清絮凝剂	1匙	煮沸结束前15分钟

发酵
温度：18℃　后熟期：12℃下需6周

酵母：
W酵母：美国爱尔啤酒酵母1056

麦芽浸出物版本
在65℃下，将235g的比尔森焦糖麦芽在27L的水中浸渍30分钟。然后取出这些麦芽，添加3kg的干淡色麦芽粉，加热至沸腾，再按配方加入指定的酒花。

这款金色爱尔啤酒带有宜人的酒花香气，由于酿造时麦汁浓度较低，所以啤酒的酒精含量不高，因而可以大量饮用。

淡色爱尔啤酒 (Pale Ale)

麦汁原始比重1.041　预期最终比重1.012　总用水量：31.5L

产量：23L

品饮期：5周

预估酒精度（ABV）：3.8%

苦味值：26IBU

色度：7.1EBC

糖化

用水量：11L　用时：1小时　温度：65℃

谷物清单	用量
淡色麦芽	4.3kg
比尔森焦糖麦芽	95g

煮沸

用水量：27L　用时：1小时10分钟

酒花	用量	苦味值	何时添加
挑战者 7%	35g	26IBU	煮沸开始后
东肯特戈尔丁 5.5%	23g	0	煮沸结束时
施蒂里亚戈尔丁 4.5%	16g	0	煮沸结束时

其他	用量	何时添加
澄清絮凝剂	1匙	煮沸结束前15分钟

发酵

温度：18℃　后熟期：12℃下需4周

酵母：

怀特实验室：英国爱尔啤酒酵母WLP005

麦芽浸出物版本

在65℃下，将95g的比尔森焦糖麦芽在27L的水中浸渍30分钟。然后取出这些麦芽，添加3kg的特浅麦芽粉，加热至沸腾，再按配方加入指定的酒花。

这款清爽浓烈的爱尔啤酒，口感宜人，回味干爽。虽然甜味不如干味强烈，但是这款啤酒仍然带有明显的蜂蜜特征。

蜂蜜爱尔啤酒 (Honey Ale)

麦汁原始比重1.057　预期最终比重1.011　总用水量：34L

产量：23L

品饮期：5周

预估酒精度（ABV）：6.2%

苦味值：10IBU

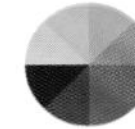
色度：16.2EBC

糖化

用水量：12.5L　用时：1小时　温度：65℃

谷物清单	用量
淡色麦芽	4.5kg
饼干麦芽	350g
水晶麦芽	250g

煮沸

用水量：27L　用时：1小时15分钟

酒花	用量	苦味值	何时添加
挑战者 7%	12g	9.6IBU	煮沸开始后
塔吉特 10.5%	8g	0.4IBU	煮沸结束前1分钟

其他	用量	何时添加
澄清絮凝剂	1匙	煮沸结束前15分钟
蜂蜜	500g	煮沸结束前5分钟

发酵

温度：18℃　后熟期：12℃下需4周

酵母：

诺丁汉丹斯塔爱尔啤酒B型酵母

麦芽浸出物版本

在65℃下，将350g的饼干麦芽和250g的水晶麦芽在27L的水中浸渍30分钟。然后取出这些麦芽，添加2.85kg的淡色麦芽粉，加热至沸腾，再按配方加入指定的酒花。

石楠啤酒通常也称为弗拉奇，因为公元前2000年起，苏格兰已经开始用石楠开始酿酒了。这款宜人的金色啤酒，带有药草和青草的香气，回味时略有辛辣感。

石楠啤酒 (Heather Ale)

麦汁原始比重1.051　**预期最终比重**1.014　**总用水量**：32.5L

 产量：23L　 品饮期：5周　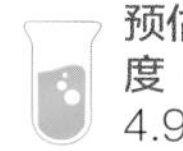 预估酒精度（ABV）：4.9%　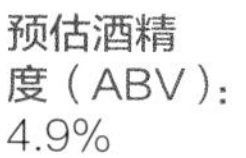 苦味值：25IBU　 色度：15.9EBC

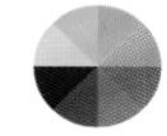

糖化

用水量：12.7L　**用时**：1小时　**温度**：65℃

谷物清单	用量
淡色麦芽	4.34kg
焦糖麦芽	500g
水晶小麦麦芽	200g

煮沸

用水量：27L　**用时**：1小时10分钟

啤酒花	用量	苦味值	何时添加
戈尔丁 5.5%	41g	2.5IBU	煮沸开始后
戈尔丁 5.5%	20g	0	煮沸结束时

其他	用量	何时添加
新鲜石楠枝	75g	煮沸开始后
澄清絮凝剂	1匙	煮沸结束前15分钟
新鲜石楠枝	75g	煮沸结束时

发酵

温度：18℃　**后熟期**：12℃下需4周

酵母：
怀特实验室：爱丁堡爱尔啤酒酵母WLP028

小贴士
煮沸结束时，试着加入20g的睡菜（一种落叶灌木，也称香杨梅），可以使啤酒又苦又甜，并带有松香气味。

麦芽浸出物版本

在65℃下，将500g的焦糖麦芽和200g的水晶小麦麦芽在27L的水中浸渍30分钟。然后取出这些麦芽，添加2.8kg的淡色麦芽粉，加热至沸腾，再按配方加入指定的酒花。

与它的两个兄弟双料啤酒和三料啤酒相比，这款啤酒口感更为清淡，所以可饮性高。淡色的麦芽和淡味的酒花完美地融合在一起。

比利时淡色爱尔啤酒 (Belgian Pale Ale)

麦汁原始比重1.051　预期最终比重1.013　总用水量：32.5L

 产量：23L　 品饮期：5周　 预估酒精度（ABV）：5.1%　 苦味值：25IBU　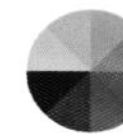 色度：16.7EBC

糖化

用水量：12.8L　用时：1小时　温度：65℃

谷物清单	用量
比利时淡色麦芽	4.6kg
慕尼黑焦糖Ⅰ型麦芽	500g

煮沸

用水量：27L　用时：1小时10分钟

酒花	用量	苦味值	何时添加
戈尔丁 5.5%	38g	22.9IBU	煮沸开始后
萨兹 4.2%	13g	2.1IBU	煮沸结束前10分钟
萨兹 4.2%	38g	0	煮沸结束时

其他	用量	何时添加
澄清絮凝剂	1匙	煮沸结束前15分钟

发酵

温度：20℃　后熟期：12℃下需4周

酵母：
W酵母：比利时阿登高地啤酒酵母3522

小贴士
如果希望啤酒中的果香味更浓，可以试着换用W酵母兹3942比利时小麦酵母。

麦芽浸出物版本

在65℃下，将500g的慕尼黑焦糖Ⅰ型麦芽在27L的水中浸渍30分钟。然后取出这些麦芽，添加2.9kg的淡色麦芽粉，加热至沸腾，再按配方加入指定的酒花。

这款啤酒原本是在比利时法语区作为夏日啤酒来酿造的，清爽辛辣中带有浓烈的柑橘味。

塞森啤酒 (Saison)

麦汁原始比重1.051　预期最终比重1.010　总用水量：32L

 产量：23L　 品饮期：5周　 预估酒精度（ABV）：5.6%　 苦味值：16IBU　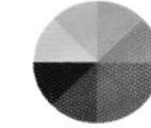 色度：17.1EBC

糖化

用水量：12.3L　用时：1小时　温度：65℃

谷物清单	用量
比尔森麦芽	3.57kg
慕尼黑麦芽	890g
小麦麦芽	180g
特种B级麦芽	135g
慕尼黑焦糖Ⅱ型麦芽	135g

煮沸

用水量：27L　用时：1小时10分钟

酒花	用量	苦味值	何时添加
玛格努姆 11%	13g	16.4IBU	煮沸开始后
西莉亚施蒂里亚戈尔丁 5.5%	20g	0	煮沸结束时

其他	用量	何时添加
澄清絮凝剂	1匙	煮沸结束前15分钟
蜂蜜	200g	煮沸结束前5分钟

发酵

温度：24℃　后熟期：12℃下需4周

酵母：

W酵母：比利时塞森啤酒酵母3724

小贴士
为了保证合理的发酵度（糖分转化为酒精的程度），可以在4天后将温度提升至28℃。

这款啤酒通常是比利时的修道士为了自饮而酿造的。神父啤酒（父亲啤酒）制作简单，味淡，但风味相当浓郁。

神父啤酒 (Patersbier)

麦汁原始比重1.046 **预期最终比重**1.010 **总用水量**：31.5L

 **产量**：23L
 **品饮期**：4周
 **预估酒精度（ABV）**：4.7%
 **苦味值**：16.4IBU
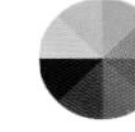 **色度**：5.7EBC

糖化

用水量：11.25L **用时**：1小时 **温度**：65℃

谷物清单	用量
比利时比尔森麦芽	4.5kg

煮沸

用水量：27L **用时**：1小时10分钟

啤酒花	用量	苦味值	何时添加
萨兹 4.2%	30g	14.4IBU	煮沸开始后
中早熟哈拉道 5%	10g	2.0IBU	煮沸结束前10分钟

其他	用量		何时添加
澄清絮凝剂	1匙		煮沸结束前15分钟

发酵

温度：22℃ **后熟期**：12℃下需3周

酵母：
W酵母：高浓度修道院啤酒酵母3787

小贴士
煮沸时加入两次萨兹酒花，
可略增加酒花的香气。

麦芽浸出物版本

在27L的水中加入2.9kg的淡色麦芽粉，加热至沸腾，再按配方加入指定的酒花。

这款啤酒中，榉木熏烤过的麦芽释放出淡淡的烟熏味，通过美国酒花的柑橘味和酵母的新鲜味进行调和。

烟熏啤酒 (Smoked Beer)

麦汁原始比重1.051 预期最终比重1.012 总用水量：32L

 产量：23L  品饮期：6周  预估酒精度（ABV）：5.1%  苦味值：30.2IBU  色度：23.6EBC

糖化

用水量：12.7L 用时：1小时 温度：65℃

谷物清单	用量
淡色麦芽	4kg
烟熏麦芽	700g
水晶麦芽	300g
焙烤特种Ⅱ型麦芽	70g

煮沸

用水量：27L 用时：1小时10分钟

酒花	用量	苦味值	何时添加
奇努克 13.3%	18g	25.9IBU	煮沸开始后
威拉米特 6.3%	18g	4.3IBU	煮沸结束前15分钟
威拉米特 6.3%	18g	0	煮沸结束时

其他	用量	何时添加
澄清絮凝剂	1匙	煮沸结束前15分钟

发酵

温度：18℃ 后熟期：12℃下需4周

酵母：

W酵母：美国爱尔啤酒酵母1056

小 贴 士
为了使啤酒获得真正的酒桶陈酿感，可以试着于3天后在发酵桶中加入100g的橡木片，浸泡一周后再取出。

这款啤酒于19世纪首次在英格兰酿造，并用于出口，IPA（印度淡色爱尔啤酒）中较高的酒精含量和大量的酒花，可以防止啤酒在长途海运中变质。

英式印度淡色爱尔啤酒(English IPA)

麦汁原始比重1.060　**预期最终比重**1.017　**总用水量**：33L

产量：23L

品饮期：5周

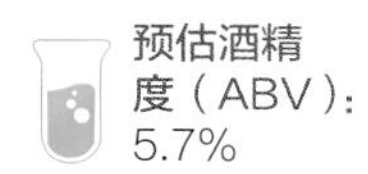

预估酒精度（ABV）：5.7%

苦味值：60.1IBU

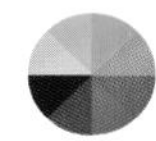

色度：13EBC

糖化

用水量：13.9L　**用时**：1小时　**温度**：65℃

谷物清单	用量
淡色麦芽	5.8kg
水晶麦芽	145g

煮沸

用水量：27L　**用时**：1小时10分钟

酒花	用量	苦味值	何时添加
挑战者 7%	70g	50.5IBU	煮沸开始后
戈尔丁 5.5%	35g	9.5IBU	煮沸结束前15分钟
戈尔丁 5.5%	35g	0	煮沸结束时

其他	用量	何时添加
澄清絮凝剂	1匙	煮沸结束前15分钟

发酵

温度：18℃　**后熟期**：12℃下需4周

酵母：

W酵母：灵伍德爱尔啤酒酵母1187

小贴士
4天后，每天增加1℃直到22℃，这样可以获得合理的发酵度（糖分转化成酒精的程度）。

麦芽浸出物版本

在65℃下，将145g的水晶麦芽在27L的水中浸渍30分钟。然后取出这些麦芽，添加3.7kg的淡色麦芽粉，加热至沸腾，再按配方加入指定的酒花。

额外加入三种不同种类的酒花，让这款啤酒具有浓烈、复合但圆融的风味和香气，是一款非常容易上瘾的啤酒。

60分钟印度淡色爱尔啤酒 (60-Minute IPA)

麦汁原始比重1.055　**预期最终比重**1.013　**总用水量**：33L

 **产量**：23L

 **品饮期**：7周

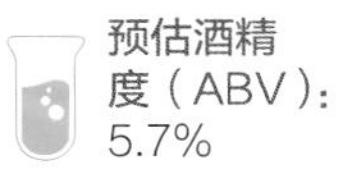 **预估酒精度（ABV）**：5.7%

 **苦味值**：60IBU

 **色度**：6.5EBC

糖化

用水量：14L　**用时**：1小时　**温度**：65℃

谷物清单	用量
淡色麦芽（颜色较浅）	5.5kg

煮沸

用水量：27L　**用时**：1小时

酒花	用量	苦味值	何时添加
奇努克 13.3%	7g	8.9IBU	煮沸开始后
阿马里洛 5%	7g	3.4IBU	煮沸开始后
奇努克 13.3%	7g	6.9IBU	煮沸结束前30分钟
阿马里洛 5%	7g	2.6IBU	煮沸结束前30分钟
卡斯卡特 6.6%	7g	3.4IBU	煮沸结束前30分钟

然后每5分钟投放奇努克、阿马里洛和卡斯卡特各7g，直到1小时结束。

酒花	用量	苦味值	何时添加
奇努克 13.3%	10g	0	煮沸结束时
阿马里洛 5%	10g	0	煮沸结束时
卡斯卡特 6.6%	10g	0	煮沸结束时

其他	用量	何时添加
澄清絮凝剂	1匙	煮沸结束前15分钟

发酵

温度：18℃　**后熟期**：12℃下需6周

酵母：
怀特实验室：加州爱尔啤酒酵母WLP001

麦芽浸出物版本

在27L的水中加入3.5kg的特浅麦芽粉，加热至沸腾，再按配方加入指定的酒花。

这款啤酒拥有经典美式IPA（印度淡色爱尔啤酒）的所有特征，酒花的苦味通过相对高的酒精度来调和，柑橘香气浓烈。

美式印度淡色爱尔啤酒（American IPA）

麦汁原始比重1.060　**预期最终比重**1.014　**总用水量**：34L

产量：23L

品饮期：7周

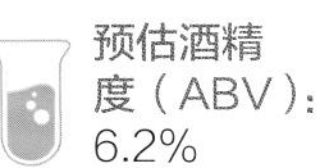
预估酒精度（ABV）：6.2%

苦味值：55IBU

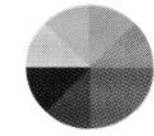
色度：10.6EBC

糖化

用水量：15L　**用时**：1小时　**温度**：65℃

谷物清单	用量
淡色麦芽	6kg

煮沸

用水量：27L　**用时**：1小时10分钟

啤酒花	用量	苦味值	何时添加
西楚 13.8%	29g	40.9IBU	煮沸开始后
西楚 13.8%	15g	7.2IBU	煮沸结束前10分钟
锡姆科 13%	15g	6.8IBU	煮沸结束前10分钟
西楚 13.8%	44g	0	煮沸结束时
锡姆科 13%	44g	0	煮沸结束时

其他	用量	何时添加
澄清絮凝剂	1匙	煮沸结束前15分钟

发酵

温度：18℃　**后熟期**：12℃下需6周

酵母：
怀特实验室：美国爱尔混合啤酒酵母WLP060

麦芽浸出物版本

在27L水中加入3.75kg的特浅麦芽粉，加热至沸腾，再按配方加入指定的酒花。

这款啤酒因酒精度高而貌似浓烈，但可以通过酒花的苦味、麦芽的香甜和柑橘的清新感来调和。

帝国印度淡色爱尔啤酒 (Imperial IPA)

麦汁原始比重1.083　**预期最终比重**1.018　**总用水量**：36L

 **产量**：23L

 **品饮期**：13周

 **预估酒精度（ABV）**：8.6%

 **苦味值**：75IBU

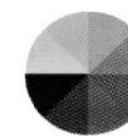 **色度**：24EBC

糖化

用水量：21L　**用时**：1小时　**温度**：65℃

谷物清单	用量
淡色麦芽	8.1kg
浅色水晶麦芽（60L）	100g
巧克力麦芽	80g

煮沸

用水量：27L　**用时**：1小时10分钟

酒花	用量	苦味值	何时添加
奇努克 13.3%	56g	64.0IBU	煮沸开始后
锡姆科 13%	28g	11.0IBU	煮沸结束前10分钟
锡姆科 13%	50g	0	煮沸结束时
威拉米特 6.3%	50g	0	煮沸结束时

其他	用量	何时添加
澄清絮凝剂	1匙	煮沸结束前15分钟

发酵

温度：20℃　**后熟期**：12℃下需12周

酵母：
怀特实验室：加州爱尔啤酒酵母WLP001

啤酒花	用量	苦味值	何时添加
威拉米特 6.3%	50g	0	4天后干投

麦芽浸出物版本

在65℃下，将100g的淡色水晶麦芽和80g的巧克力麦芽在27L的水中浸渍30分钟。然后取出这些麦芽，添加5.1kg（原文为1lb 4oz，换算错了）的淡色麦芽粉，加热至沸腾，再按配方加入指定的酒花。

虽然色泽漆黑如夜，但却拥有如淡色爱尔或金色爱尔一般清爽干净的柑橘回味，这种矛盾感会让人很困惑，不过味道真的很棒。

黑色印度淡色爱尔啤酒(Black IPA)

麦汁原始比重1.054　**预期最终比重**1.018　**总用水量**：33L

 **产量**：23L　 **品饮期**：7周　 **预估酒精度（ABV）**：5.1%　 **苦味值**：60IBU　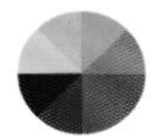 **色度**：56EBC

糖化

用水量：13.5L　**用时**：1小时　**温度**：65℃

谷物清单	用量
淡色麦芽	5.5kg
焙烤特种Ⅲ型麦芽	170g
巧克力麦芽	225g

煮沸

用水量：27L　**用时**：1小时10分钟

酒花	用量	苦味值	何时添加
阿波罗 19.5%	30g	44.0IBU	煮沸开始后
西楚 13.8%	30g	16.0IBU	煮沸结束前10分钟
阿马里洛 5%	45g	0	煮沸结束时
西楚 13.8%	45g	0	煮沸结束时

其他	用量	何时添加
澄清絮凝剂	1匙	煮沸结束前15分钟

发酵

温度：18℃　**后熟期**：12℃下需6周

酵母：

W酵母：灵伍德爱尔啤酒酵母1187

酒花	用量	苦味值	何时添加
西楚 13.8%	45g	0	4天后干投

麦芽浸出物版本

在65℃下，将170g的烘烤特种Ⅲ型麦芽和225g的巧克力麦芽在27L的水中浸渍30分钟。然后取出这些麦芽，添加3.15kg的麦芽粉，加热至沸腾，再按配方加入指定的酒花。

这款酸酸的果味复合啤酒需要较长的后熟过程，以使风味充分成熟。装瓶后，至少需要一年才可以品饮。

佛兰德斯红色爱尔啤酒 (Flanders Red Ale)

麦汁原始比重1.056　预期最终比重1.010　总用水量：33L

 产量：23L　 品饮期：1年后　 预估酒精度（ABV）：6.2%　 苦味值：20.7IBU　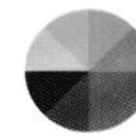 色度：29EBC

糖化

用水量：14L　用时：1小时　温度：65℃

谷物清单	用量
维也纳麦芽	3.2kg
淡色麦芽	1.6kg
小麦麦芽	250g
特种B级麦芽	300g
慕尼黑焦糖Ⅲ型麦芽	300g

煮沸

用水量：27L　用时：1小时10分钟

酒花	用量	苦味值	何时添加
东肯特戈尔丁 5.5%	36g	20.7IBU	煮沸开始后

其他	用量	何时添加
澄清絮凝剂	1匙	煮沸结束前15分钟

发酵

发酵周期：22℃下至少4周　后熟期：22℃下至少6个月

酵母：

W酵母：比利时鲁瑟拉勒混合啤酒酵母3763

小贴士
三个月后试着在后熟桶中加入一些新鲜水果、草莓或覆盆子都是不错的选择。

拉比克是一款传统的比利时式酸啤酒，其大部分风味来自于前发酵加入的野生酵母菌株。

樱桃拉比克啤酒 (Cherry Lambic)

麦汁原始比重1.060 **预期最终比重**1.005 **总用水量：**34L

 **产量：**23L

 **品饮期：**10周

 **预估酒精度（ABV）：**7.3%

 **苦味值：**15IBU

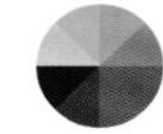 **色度：**10EBC

糖化

用水量：17.5L **用时：**1小时 **温度：**65℃

谷物清单	用量
淡色麦芽	4.5kg
小麦麦芽	1.5kg

煮沸

用水量：27L **用时：**1小时10分钟

酒花	用量	苦味值	何时添加
挑战者 13.3%	30g	14.0IBU	煮沸开始后

其他	用量	何时添加
澄清絮凝剂	1匙	煮沸结束前15分钟

发酵

发酵周期：先在22℃下发酵2周，然后加入第二批酵母菌株，再发酵4周
后熟期：12℃下需4周

酵母：
先加入DCL WB-06酵母，以及6kg的欧洲酸樱桃。两周后，加入W酵母：乳酸菌5335，W酵母：拉比克酒香酵母5526和W酵母：小球菌5733，然后再发酵4周

小贴士

酿造时使用独立的专用发酵容器，因为野生酵母菌株会使啤酒遭受细菌感染。

麦芽浸出物版本

在27L的水中加入2kg的淡色麦芽粉和1.7kg的干小麦芽粉，然后加热至沸腾，再按配方加入指定的酒花。

这款黄褐色的经典英式苦啤酒，麦芽与酒花完美融合。伦敦酵母使其回味甘甜，略带果味，让人欲罢不能。

伦敦苦啤酒 (London Bitter)

麦汁原始比重1.044 **预期最终比重**1.012 **总用水量**：32L

 产量：23L  品饮期：5周  预估酒精度（ABV）：4.3%  苦味值：22.1IBU  色度：17EBC

糖化

用水量：11L **用时**：1小时 **温度**：65℃

谷物清单	用量
淡色麦芽	4kg
水晶麦芽	396g

煮沸

用水量：27L **用时**：1小时10分钟

酒花	用量	苦味值	何时添加
挑战者 7%	25g	20.3IBU	煮沸开始后
富格尔 4.5%	10g	1.8IBU	煮沸结束前10分钟
戈尔丁 5.5%	6g	0	煮沸结束时

其他	用量	何时添加
澄清絮凝剂	1匙	煮沸结束前15分钟

发酵

温度：18℃ **后熟期**：12℃下需4周

酵母：
W酵母：1318伦敦爱尔啤酒Ⅲ型酵母

小贴士

如果希望啤酒甜味淡些，可以试着在糖化时只用200g的水晶麦芽，再加入30g的巧克力麦芽。

麦芽浸出物版本

在65℃下，将396g的水晶麦芽在27L的水中浸渍30分钟。然后取出这些麦芽，添加2.5kg的干麦芽粉，加热至沸腾，再按配方加入指定的酒花。

这款酒体饱满的琥珀色啤酒，淡淡的巧克力风味已演变为单纯的苦味，通常饮用时会有乳白的泡沫层。

约克郡苦啤酒 (Yorkshire Bitter)

麦汁原始比重1.041 预期最终比重1.012 总用水量：31.5L

 产量：23L  品饮期：5周  预估酒精度（ABV）：3.8%  苦味值：31IBU 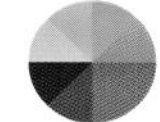 色度：18EBC

糖化

用水量：10.5L 用时：1小时 温度：65℃

谷物清单	用量
淡色麦芽	3.5kg
水晶麦芽	200g
烘干小麦	350g
巧克力麦芽	42g

煮沸

用水量：27L 用时：1小时10分钟

啤酒花	用量	苦味值	何时添加
挑战者 7%	29g	24.3IBU	煮沸开始后
第一桶金 8%	20g	6.7IBU	煮沸结束前10分钟
第一桶金 8%	12g	0	煮沸结束时

其他	用量	何时添加
澄清絮凝剂	1匙	煮沸结束前15分钟

发酵

温度：20℃ 后熟期：12℃下需4周

酵母：

W酵母：西约克郡爱尔啤酒酵母1469

小贴士
从酒桶中取饮时，使用啤酒泵和带有起泡装置的弯曲转接器，这样可以使啤酒与空气接触，产生乳脂般的泡沫层。

麦芽浸出物版本

在65℃下，将200g的水晶麦芽和42g的巧克力麦芽在27L的水中浸渍30分钟。然后取出这些麦芽，添加2kg的麦芽粉和450g的小麦芽粉，加热至沸腾，再按配方加入指定的酒花。

这款爽口的淡色啤酒适合在夏日的漫漫长夜中大量饮用。虽然酒精浓度低，但风味浓郁，所以回味时酒花香醇厚。

夏季爱尔啤酒 (Summer Ale)

麦汁原始比重1.038　预期最终比重1.012　总用水量：31L

 产量：23L　 品饮期：5周　 预估酒精度（ABV）：3.8%　 苦味值：29.3IBU　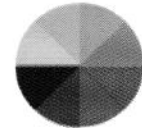 色度：13EBC

糖化

用水量：9.5L　用时：1小时　温度：65℃

谷物清单	用量
淡色麦芽	3.4kg
水晶麦芽	300g

煮沸

用水量：27L　用时：1小时10分钟

酒花	用量	苦味值	何时添加
东肯特戈尔丁 5.5%	20g	9.4IBU	煮沸开始后
前进 5.5%	15g	7.0IBU	煮沸开始后
东肯特戈尔丁 5.5%	15g	7.5IBU	煮沸结束前15分钟
前进 5.5%	10g	5.0IBU	煮沸结束前15分钟
东肯特戈尔丁 5.5%	15g	0.4IBU	煮沸结束前1分钟

其他	用量	何时添加
澄清絮凝剂	1匙	煮沸结束前15分钟

发酵

温度：20℃　后熟期：12℃下需4周

酵母：

W酵母：英国爱尔啤酒酵母1098

小贴士

这款啤酒最好储存在酒桶中，而非酒瓶中。饮用时，尽量减少泡沫，可以使啤酒色淡、酒花香醇厚，易饮性高。

麦芽浸出物版本

在65℃下，将300g的水晶麦芽在27L水中浸渍30分钟。然后取出这些麦芽，添加2.2kg的干麦芽粉，加热至沸腾，再按配方加入指定的酒花。

这款爽口宜人的啤酒味道浓烈，麦芽味中隐隐带点饼干风味和黑加仑特色，适合在劳碌了一天后饮用。

康沃尔郡锡矿工人爱尔啤酒

(Cornish Tin Miner's Ale)

麦汁原始比重1.058　**预期最终比重**1.019　**总用水量**：33L

产量：23L

品饮期：9周

预估酒精度（ABV）：5.2%

苦味值：39.9IBU

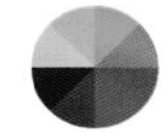
色度：19EBC

糖化

用水量：14.5L　**用时**：1小时　**温度**：65℃

谷物清单	用量
淡色麦芽	4.9kg
慕尼黑焦糖麦芽	380g
饼干麦芽	250g
水晶麦芽	185g

煮沸

用水量：27L　**用时**：1小时10分钟

酒花	用量	苦味值	何时添加
第一桶金 8%	46g	38.0IBU	煮沸开始后
十字燕雀 6%	15g	3.3IBU	煮沸结束前10分钟
十字燕雀 6%	15g	0	煮沸结束时

其他	用量	何时添加
澄清絮凝剂	1匙	煮沸结束前15分钟

发酵

温度：20℃　**后熟期**：12℃下需8周

酵母：
怀特实验室：英国爱尔啤酒酵母WLP002

小贴士
试着换用怀特实验室：WLP英国干爱尔啤酒酵母，可使啤酒的风味更干爽。

麦芽浸出物版本

在65℃下，将380g的慕尼黑焦糖麦芽，250g的饼干麦芽和185g的水晶麦芽在27L水中浸渍30分钟。然后取出这些麦芽，添加3.15kg的特浅麦芽粉，加热至沸腾，再按配方加入指定的酒花。

这款传统的苏格兰假日啤酒（适合大量饮用），酒体特别清淡，有麦芽味，味干，回味干爽纯净。

苏格兰60先令啤酒 (Scottish 60 Shilling)

麦汁原始比重1.035　预期最终比重1.010　总用水量：30.5L

 产量：23L　 品饮期：7周　 预估酒精度（ABV）：3.3%　 苦味值：11.7IBU　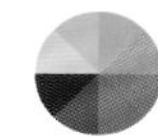 色度：18EBC

糖化

用水量：8.6L　用时：1小时　温度：70℃

谷物清单	用量
淡色麦芽	3kg
慕尼黑麦芽	175g
水晶麦芽	130g
蛋白黑素麦芽	100g
巧克力麦芽	50g

煮沸

用水量：27L　用时：1小时10分钟

酒花	用量	苦味值	何时添加
富格尔 4.5%	21g	11.6IBU	煮沸开始后

其他	用量	何时添加
澄清絮凝剂	1匙	煮沸结束前15分钟

发酵

温度：18℃　后熟期：12℃下需6周

酵母：

W酵母：苏格兰爱尔啤酒酵母1728

苏格兰70先令啤酒，也称为“易上瘾的啤酒”，酒精度适中，以麦香风味为主，啤酒花风味和香气较淡。

苏格兰70先令啤酒(Scottish 70 Shilling)

麦汁原始比重1.041　**预期最终比重**1.012　**总用水量**：32.5L

 **产量**：23L

 **品饮期**：5周

 **预估酒精度（ABV）**：3.9%

 **苦味值**：15IBU

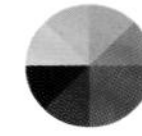 **色度**：28.2EBC

糖化

用水量：13L　**用时**：1小时　**温度**：70℃

谷物清单	用量
淡色麦芽	3.5kg
慕尼黑焦糖Ⅱ型麦芽	450g
焙烤Ⅰ型麦芽	130g

煮沸

用水量：27L　**用时**：1小时15分钟

酒花	用量	苦味值	何时添加
戈尔丁 5.5%	23g	15.0IBU	煮沸开始后

其他	用量	何时添加
澄清絮凝剂	1匙	煮沸结束前15分钟

发酵

温度：18℃　**后熟期**：12℃下需4周

酵母：

W酵母：苏格兰爱尔啤酒酵母1728

麦芽浸出物版本

在65℃下，将450g的慕尼黑焦糖Ⅱ型麦芽和130g的焙烤Ⅰ型麦芽在27L水中浸渍30分钟。然后取出这些麦芽，添加2.55kg的淡色麦芽粉，加热至沸腾，再按配方加入指定的酒花。

和许多其他的苏格兰啤酒一样，80先令啤酒麦香醇厚，没有酒花香味，但回味纯净中性，是一款经典的苏格兰出口型烈酒。

苏格兰80先令啤酒 (Scottish 80 Shilling)

麦汁原始比重1.052　预期最终比重1.015　总用水量：32.5L

产量：23L

品饮期：7周

预估酒精度（ABV）：4.9%

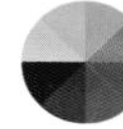

苦味值：16.5IBU

色度：29.2EBC

糖化

用水量：13L　用时：1小时　温度：70℃

谷物清单	用量
淡色麦芽	4.6kg
慕尼黑焦糖 Ⅱ 型麦芽	300g
水晶麦芽	200g
焙烤 Ⅲ 型麦芽	80g

煮沸

用水量：27L　用时：1小时10分钟

酒花	用量	苦味值	何时添加
戈尔丁 5.5%	27g	16.5IBU	煮沸开始后

其他	用量	何时添加
澄清絮凝剂	1匙	煮沸结束前15分钟

发酵

温度：18℃　后熟期：12℃下需6周

酵母：

W酵母：苏格兰爱尔啤酒酵母1728

麦芽浸出物版本

在65℃下，将300g的慕尼黑焦糖 Ⅱ 型麦芽和80g的焙烤 Ⅲ 型麦芽在27L水中浸渍30分钟。然后取出这些麦芽，添加2.9kg的淡色麦芽粉，加热至沸腾，再按配方加入指定的酒花。

爱尔兰红色爱尔啤酒在类型上与英式苦啤酒密切相关，口感清爽，酒花味淡，带有麦香味，回味纯净，色泽上呈明显的红色。

爱尔兰红色爱尔啤酒 (Irish Red Ale)

麦汁原始比重1.051　预期最终比重1.013　总用水量：32.5L

 产量：23L

 品饮期：7周

 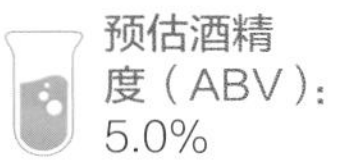 预估酒精度（ABV）：5.0%

 苦味值：24.5IBU

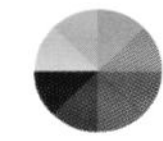 色度：23EBC

糖化

用水量：12.8L　用时：1小时　温度：65℃

谷物清单	用量
淡色麦芽	4.6kg
水晶麦芽	200g
大麦片	300g
烘烤大麦	50g

煮沸

用水量：27L　用时：1小时10分钟

酒花	用量	苦味值	何时添加
富格尔 4.5%	50g	24.5IBU	煮沸开始后
挑战者 7%	33g	0	煮沸结束时

其他	用量	何时添加
澄清絮凝剂	1匙	煮沸结束前15分钟

发酵

温度：20℃　后熟期：12℃下需6周

酵母：

W酵母：爱尔兰爱尔啤酒酵母1084

这款啤酒通常在秋季酿造，以充分利用丰收时节的麦芽，同时可以在这款爽口的冬日啤酒中加入香料，作为节日的款待饮料。

冬暖啤酒 (Winter Warmer)

麦汁原始比重1.062　**预期最终比重**1.015　**总用水量**：32.5L

 **产量**：23L
 **品饮期**：8周
 **预估酒精度（ABV）**：6.2%
 **苦味值**：19.6IBU
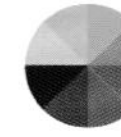 **色度**：27.2EBC

糖化

用水量：13.75L　**用时**：1小时　**温度**：65℃

谷物清单	用量
淡色麦芽	5.1kg
水晶麦芽	200g
烘干小麦麦芽	100g
巧克力麦芽	100g

煮沸

用水量：27L　**用时**：1小时10分钟

酒花	用量	苦味值	何时添加
东肯特戈尔丁 5.5%	30g	17.5IBU	煮沸开始后
前进 5.5%	10g	2.1IBU	煮沸结束前10分钟
塔吉特 10.5%	10g	0	煮沸结束时

其他	用量	何时添加
澄清絮凝剂	1匙	煮沸结束前15分钟
蜂蜜	500g	煮沸结束前5分钟

发酵

温度：20℃　**后熟期**：12℃下需6周

酵母：
W酵母：伦敦特苦啤酒酵母1968

小贴士
4天后，将一匙桂皮和一匙磨碎的生姜放在50毫升伏特加酒中浸泡15分钟，然后在装瓶前一周将此混合物加入发酵液中。

麦芽浸出物版本

在65℃下，将200g的水晶麦芽和100g的巧克力麦芽在27L水中浸渍30分钟。然后取出这些麦芽，添加3.3kg的淡色麦芽粉，加热至沸腾，再按配方加入指定的酒花。

这款浓烈的节日特制啤酒，色沉，带有麦芽香气和少许圣诞香料气息，饮用前需要经过三个月的后熟期。

圣诞爱尔啤酒 (Christmas Ale)

麦汁原始比重1.063　预期最终比重1.012　总用水量：32.5L

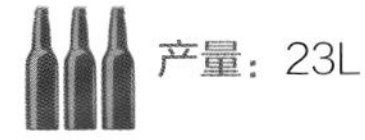
产量：23L

品饮期：12周

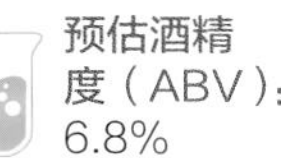
预估酒精度（ABV）：6.8%

苦味值：25IBU

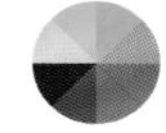
色度：30.7EBC

糖化

用水量：14L　用时：1小时　温度：67℃

谷物清单	用量
淡色麦芽	4.4kg
饼干麦芽	500g
慕尼黑焦糖Ⅰ型麦芽	350g
水晶麦芽	300g
烘干小麦麦芽	100g
焙烤特种Ⅰ型麦芽	100g

煮沸

用水量：27L　用时：1小时10分钟

酒花	用量	苦味值	何时添加
挑战者 7%	18g	13.2IBU	煮沸开始后
施蒂里亚戈尔丁 4.5%	26g	5.9IBU	煮沸结束前15分钟
施蒂里亚戈尔丁 4.5%	26g	0	煮沸结束时

其他	用量	何时添加
澄清絮凝剂	1匙	煮沸结束前15分钟
八角	10g	煮沸结束前10分钟
桂皮	2根	煮沸结束前10分钟
肉豆蔻粉	1匙	煮沸结束前10分钟
浅色凯蒂水晶糖	500g	煮沸结束前5分钟

发酵

温度：20℃　后熟期：12℃下需8周

酵母：

W酵母：伦敦爱尔啤酒酵母1028

这款出自法国北部工匠农舍的爱尔啤酒，通常于早春时节酿造，然后贮藏至秋季，拥有宜人的麦芽甘甜味。

法国卫士啤酒 (Bière de Garde)

麦汁原始比重1.065 预期最终比重1.014 总用水量：32L

 产量：23L  品饮期：7周  预估酒精度（ABV）：7%  苦味值：25IBU 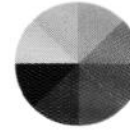 色度：17.7EBC

糖化

用水量：18.4L 用时：1小时 温度：65℃

谷物清单	用量
淡色麦芽	4kg
维也纳麦芽	1.5kg
香麦芽	500g
饼干麦芽	500g

煮沸

用水量：27L 用时：1小时10分钟

酒花	用量	苦味值	何时添加
金酿 7%	33g	22.9IBU	煮沸开始后
泰特昂 4.5%	25g	2.1IBU	煮沸结束前5分钟
泰特昂 4.5%	25g	0	煮沸结束时

其他	用量	何时添加
澄清絮凝剂	1匙	煮沸结束前15分钟

发酵

温度：22℃ 后熟期：12℃下需6周

酵母：

W酵母：法国塞森啤酒酵母3711

通常来说，比利时的每家修道院都会自产独门佳酿，这款啤酒就复合了麦芽风味与辛辣的酒精味。

修道院啤酒 (Abbey Beer)

麦汁原始比重1.060　预期最终比重1.013　总用水量：33L

 产量：23L　 品饮期：7周　 预估酒精度（ABV）：6.4%　 苦味值：19.8IBU　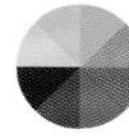 色度：12.1EBC

糖化

用水量：15L　用时：1小时　温度：65℃

谷物清单	用量
比利时比尔森麦芽	4.5kg
维也纳麦芽	1kg
饼干麦芽	500g

煮沸

用水量：27L　用时：1小时15分钟

酒花	用量	苦味值	何时添加
佩勒 8%	21g	17.5IBU	煮沸开始后
施蒂里亚戈尔丁 5.5%	21g	2.3IBU	煮沸结束前5分钟

其他	用量	何时添加
澄清絮凝剂	1匙	煮沸结束前15分钟

发酵

温度：22℃

后熟期：12℃下需6周

酵母：

W酵母：比利时爱尔啤酒酵母1214

这款浓烈的稻草色爱尔啤酒原产自比利时，麦芽的甘甜，与略带酒花香的辛辣感以及凯蒂糖的干味有机融合，谐调一致。

比利时金色爱尔啤酒 (Belgian Blonde Ale)

麦汁原始比重1.070　预期最终比重1.015　总用水量：33.5L

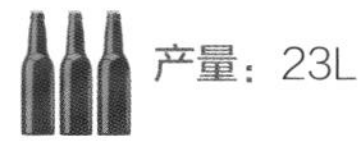 产量：23L

  品饮期：8周

 预估酒精度（ABV）：7.4%

 苦味值：18IBU

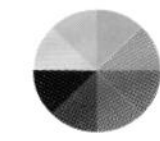 色度：12.9EBC

糖化

用水量：16.25L　用时：1小时　温度：65℃

谷物清单	用量
比尔森麦芽	6kg
维也纳焦糖麦芽	250g
慕尼黑焦糖Ⅰ型麦芽	250g

煮沸

用水量：27L　用时：1小时10分钟

酒花	用量	苦味值	何时添加
东肯特戈尔丁 5.5%	30g	16.1IBU	煮沸开始后
施蒂里亚戈尔丁 5.5%	10g	1.9IBU	煮沸结束前10分钟
施蒂里亚戈尔丁 5.5%	20g	0	煮沸结束时

其他	用量	何时添加
澄清絮凝剂	1匙	煮沸结束前15分钟
浅色比利时凯蒂糖	300g	煮沸结束前5分钟

发酵

温度：22℃　后熟期：12℃下需6周

酵母：

W酵母：比利时烈性啤酒酵母1388

麦芽浸出物版本

在65℃下，将250g的维也纳焦糖麦芽和250g的慕尼黑焦糖Ⅰ型麦芽在27L的水中浸渍30分钟。然后取出这些麦芽，添加3.8kg的特浅麦芽粉，加热至沸腾，再按配方加入指定的酒花。

麦芽的甘甜与适度的果香相混合，让这款经典的比利时啤酒十分可口。酒精度高，色泽呈深红色，并带有宜人的辛辣味。

比利时双料啤酒 (Belgian Dubbel)

麦汁原始比重1.066 预期最终比重1.014 总用水量：33L

 产量：23L  品饮期：8周  预估酒精度（ABV）：6.9%  苦味值：20.5IBU 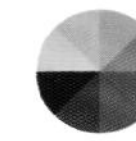 色度：29.2EBC

糖化

用水量：15L 用时：1小时 温度：65℃

谷物清单	用量
比利时比尔森麦芽	5.3kg
特种B级麦芽	400g
慕尼黑焦糖Ⅰ型麦芽	300g

煮沸

用水量：27L 用时：1小时10分钟

酒花	用量	苦味值	何时添加
哈拉道赫斯布鲁克 3.5%	35g	12.7IBU	煮沸开始后
泰特昂 4.5%	35g	7.5IBU	煮沸结束前15分钟

其他	用量	何时添加
澄清絮凝剂	1匙	煮沸结束前15分钟
比利时浅色凯蒂水晶糖	400g	煮沸结束前5分钟

发酵

温度：22℃ 后熟期：12℃下需7周

酵母：

W酵母：比利时白啤酒酵母3944

麦芽浸出物版本

在65℃下，将400g的特种B级麦芽和300g的慕尼黑焦糖Ⅰ型麦芽在27L水中浸渍30分钟。然后取出这些麦芽，添加3.4kg的特浅麦芽粉，加热至沸腾，再按配方加入指定的酒花和其他原料。

与其兄弟双料啤酒（参见第156页）相比，三料啤酒混合的麦芽风味更淡，后味干爽、酸涩。虽然酒精度高，但口味不会过于浓烈。

比利时三料啤酒 (Belgian Tripel)

麦汁原始比重1.080　预期最终比重1.013　总用水量：33.5L

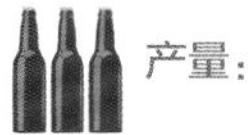 产量：23L　 品饮期：12周　 预估酒精度（ABV）：9.1%　 苦味值：30.2IBU　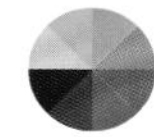 色度：11.4EBC

糖化

用水量：16.3L　用时：1小时　温度：65℃

谷物清单	用量
比利时比尔森麦芽	6.3kg
慕尼黑焦糖Ⅰ型麦芽	250g

煮沸

用水量：27L　用时：1小时10分钟

酒花	用量	苦味值	何时添加
萨兹 4.2%	50g	18.6IBU	煮沸开始后
施蒂里亚戈尔丁 5.5%	50g	11.7IBU	煮沸结束前15分钟

其他	用量	何时添加
澄清絮凝剂	1匙	煮沸结束前15分钟
比利时浅色凯蒂水晶糖	1kg	煮沸结束前5分钟

发酵

温度：24℃　后熟期：12℃下需11周

酵母：

W酵母：比利时烈性爱尔啤酒酵母1388

麦芽浸出物版本

在65℃下，将250g的慕尼黑焦糖Ⅰ型麦芽在27L水中浸渍30分钟。然后取出这些麦芽，添加4kg的特浅麦芽粉，加热至沸腾，再按配方加入指定的酒花和其他原料。

这款啤酒于一战结束时由比利时摩盖特酿酒厂酿出，类型上与三料啤酒（参见第157页）相似，但色泽更浅，麦芽味更淡，并且回味时略苦。

比利时烈性金色爱尔啤酒(Belgian Strong Golden Ale)

麦汁原始比重1.072 **预期最终比重**1.012 **总用水量：**33L

产量：23L

品饮期：8周

预估酒精度（ABV）：7.9%

苦味值：30IBU

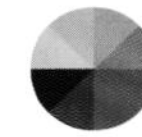
色度：10EBC

糖化

用水量：15L **用时：**1小时 **温度：**65℃

谷物清单	用量
比利时比尔森麦芽	5.6kg
焙烤特种麦芽	450g
香麦芽	300g

煮沸

用水量：27L **用时：**1小时10分钟

酒花	用量	苦味值	何时添加
萨兹 4.2%	47g	18.6IBU	煮沸开始后
泰特昂 4.5%	58g	11.7IBU	煮沸结束前15分钟

其他	用量	何时添加
澄清絮凝剂	1匙	煮沸结束前15分钟
比利时浅色凯蒂水晶糖	750g	煮沸结束前5分钟

发酵

温度：24℃ **后熟期：**12℃下需7周

酵母：
W酵母：比利时修道院啤酒Ⅱ型酵母1762

麦芽浸出物版本

在65℃下，将450g的比尔森焦糖麦芽在27L水中浸渍30分钟。然后取出这些麦芽，添加3.6kg的特浅麦芽粉，加热至沸腾，再按配方加入指定的酒花。

与其南方同类相比，北方棕色爱尔啤酒更为浓烈，色泽更浅，甜味更淡，坚果和巧克力般的风味中带有适度的酒花回味。

北方棕色爱尔啤酒(Northern Brown Ale)

麦汁原始比重1.052　预期最终比重1.013　总用水量：32.5L

产量：23L

品饮期：6周

预估酒精度（ABV）：5.1%

苦味值：25.7IBU

色度：27.2EBC

糖化

用水量：13L　用时：1小时　温度：65℃

谷物清单	用量
淡色麦芽	4.8kg
水晶麦芽	250g
巧克力麦芽	100g

煮沸

用水量：27L　用时：1小时10分钟

酒花	用量	苦味值	何时添加
海军上将 14.5%	16g	25.7IBU	煮沸开始后
挑战者 7%	16g	0	煮沸结束时

其他	用量	何时添加
澄清絮凝剂	1匙	煮沸结束前15分钟

发酵

温度：20℃　后熟期：12℃下需5周

酵母：

W酵母：英国爱尔啤酒酵母1098

麦芽浸出物版本

在65℃下，将250g的水晶麦芽和100g的巧克力麦芽在27L水中浸渍30分钟。然后取出这些麦芽，添加3.3kg的淡色麦芽粉，加热至沸腾，再按配方加入指定的酒花和其他原料。

南方棕色爱尔啤酒亦称伦敦爱尔啤酒，于20世纪初期开始酿造，并作为波特啤酒和淡味麦芽啤酒的替代品。酒精度较低，回味时有麦芽的甘甜。

南方棕色爱尔啤酒 (Southern Brown Ale)

麦汁原始比重1.041　预期最终比重1.012　总用水量：31L

 产量：23L　 品饮期：4周　 预估酒精度（ABV）：3.8%　 苦味值：17.4IBU　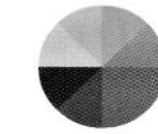 色度：37.6EBC

糖化

用水量：10L　用时：1小时　温度：65℃

谷物清单	用量
淡色麦芽	3.5kg
深色水晶麦芽	300g
巧克力麦芽	110g
烘干小麦	100g
黑色麦芽	55g

煮沸

用水量：27L　用时：1小时10分钟

酒花	用量	苦味值	何时添加
富格尔 4.5%	24g	12.9IBU	煮沸开始后
富格尔 4.5%	24g	4.5IBU	煮沸结束前10分钟

其他	用量	何时添加
澄清絮凝剂	1匙	煮沸结束前15分钟

发酵

温度：22℃　后熟期：12℃下需3周

酵母：

W酵母：灵伍德爱尔啤酒酵母1187

小贴士
如果你喜欢口感略干，可以尝试用W酵母：1099惠特布雷德爱尔酵母替换灵伍德酵母。

麦芽浸出物版本

在65℃下，将300g的深色水晶麦芽，110g的巧克力麦芽和55g的黑色麦芽在27L水中浸渍30分钟。然后取出这些麦芽，添加2.3kg的淡色麦芽粉，加热至沸腾，再按配方加入指定的酒花和其他原料。

这款特殊的啤酒色泽深沉，口味强烈，带有果香味和玉米糖产生的谐丽酒般的风味，它需要较长的后熟期，以使其风格得以充分成熟。

老爱尔啤酒 (Old Ale)

麦汁原始比重1.079　预期最终比重1.014　总用水量：34L

 产量：23L　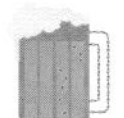 品饮期：12周　 预估酒精度（ABV）：8.7%　 苦味值：55IBU　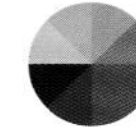 色度：32.6EBC

糖化

用水量：16.75L　用时：1小时　温度：68℃

谷物清单	用量
淡色麦芽	4.5kg
慕尼黑麦芽	1.8kg
深色水晶麦芽	300g
巧克力麦芽	100g

煮沸

用水量：27L　用时：1小时10分钟

酒花	用量	苦味值	何时添加
戈尔丁 5.5%	76g	37.3IBU	煮沸开始后
戈尔丁 5.5%	76g	13.1IBU	煮沸结束前10分钟

其他	用量	何时添加
澄清絮凝剂	1匙	煮沸结束前15分钟
玉米糖	650g	煮沸结束前5分钟

发酵

温度：20℃　后熟期：12℃下需11周

酵母：

W酵母：英国爱尔啤酒酵母1028

小贴士
若想增加啤酒的节日狂欢感，可以试着在发酵桶中加入一些圣诞香料，桂皮、肉蔻和丁香都是不错的选择。

这款深色的爱尔啤酒是传统的英式淡味麦芽啤酒，酒精度较低，带有水果、巧克力和麦芽的风味，回味干爽，并有酒花后味。

淡味麦芽啤酒 (Mild)

麦汁原始比重1.036 预期最终比重1.011 总用水量：30L

 产量：23L  品饮期：4周  预估酒精度（ABV）：3.3%  苦味值：21.2IBU 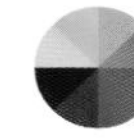 色度：33.5EBC

糖化

用水量：9L 用时：1小时 温度：68℃

谷物清单	用量
淡味爱尔麦芽	3kg
深色水晶麦芽	500g
巧克力麦芽	100g

煮沸

用水量：27L 用时：1小时10分钟

酒花	用量	苦味值	何时添加
北唐 8%	20g	19.7IBU	煮沸开始后
十字燕雀 6%	10g	0	煮沸结束前5分钟

其他	用量	何时添加
澄清絮凝剂	1匙	煮沸结束前15分钟

发酵

温度：20℃ 后熟期：12℃下需3周

酵母：

W酵母：伦敦爱尔啤酒Ⅲ型酵母1318

麦芽浸出物版本

在65℃下，将500g的深色水晶麦芽和100g的巧克力麦芽在27L水中浸渍30分钟。然后取出这些麦芽，添加1.9kg的淡色麦芽粉，加热至沸腾，再按配方加入指定的酒花和其他原料。

这款深色烈性爱尔啤酒，有宜人的麦芽香和巧克力味，通过淡淡的酒花苦味得到平衡，与牛排和薯片搭配饮用最佳。

红宝石色淡味麦芽啤酒(Ruby Mild)

麦汁原始比重1.049　预期最终比重1.014　总用水量：32L

产量：23L

品饮期：8周

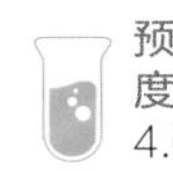
预估酒精度（ABV）：4.6%

苦味值：18.1IBU

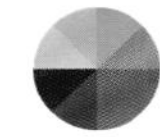
色度：31.6EBC

糖化

用水量：12.3L　用时：1小时　温度：66℃

谷物清单	用量
淡色麦芽	4.5kg
水晶麦芽	150g
巧克力麦芽	150g
烘干小麦麦芽	125g

煮沸

用水量：27L　用时：1小时10分钟

啤酒花	用量	苦味值	何时添加
戈尔丁 5.5%	30g	18.1IBU	煮沸开始后
戈尔丁 5.5%	15g	0	煮沸结束时

其他	用量	何时添加
澄清絮凝剂	1匙	煮沸结束前15分钟

发酵

温度：22℃　后熟期：12℃下至少4周

酵母：

W酵母：灵伍德爱尔啤酒酵母1187

麦芽浸出物版本

在65℃下，将150g的水晶麦芽和150g的巧克力麦芽在27L水中浸渍30分钟。然后取出这些麦芽，添加2.9kg的淡色麦芽粉，加热至沸腾，再按配方加入指定的酒花和其他原料。

作为所有酿酒厂都可以酿出的最为浓烈的啤酒之一，英国大麦酒有麦芽香和谐丽酒般的混合风味，回味时带有绵长的酒花苦味。

英国大麦啤酒 (English Barley Wine)

麦汁原始比重1.090　预期最终比重1.019　总用水量：35.5L

 产量：23L　 品饮期：15周　 预估酒精度（ABV）：9.6%　 苦味值：50IBU　 色度：27.3EBC

糖化

用水量：21L　用时：1小时　温度：67℃

谷物清单	用量
淡色麦芽	7.2kg
深色水晶麦芽	300g
比尔森焦糖麦芽	800g

煮沸

用水量：27L　用时：1小时30分钟

酒花	用量	苦味值	何时添加
北唐 8%	71g	50.0IBU	煮沸开始后
东肯特戈尔丁 5.5%	14g	0	煮沸结束时
塔吉特 10.5%	14g	0	煮沸结束时

其他	用量	何时添加
澄清絮凝剂	1匙	煮沸结束前15分钟
蜂蜜	500g	煮沸结束前5分钟

发酵

温度：22℃　后熟期：12℃下需14周

酵母：
W酵母：英国爱尔啤酒酵母1028

麦芽浸出物版本

在65℃下，将300g的深色水晶麦芽和800g的比尔森焦糖麦芽在27L水中浸渍30分钟。然后取出这些麦芽，添加4.5kg的淡色麦芽粉，加热至沸腾，再按配方加入指定的酒花和其他原料。

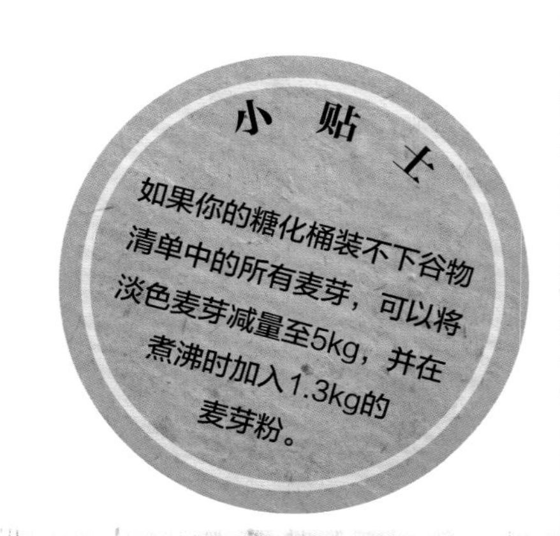

小贴士
如果你的糖化桶装不下谷物清单中的所有麦芽，可以将淡色麦芽减量至5kg，并在煮沸时加入1.3kg的麦芽粉。

美国大麦酒与其英国老兄相比，酒花味更为强烈。作为一款浓烈醇厚的啤酒，回味时又苦又甜，并带有浓郁的柑橘芳香。

美国大麦啤酒 (American Barley Wine)

麦汁原始比重1.105　预期最终比重1.024　总用水量：37.5L

 产量：23L　 品饮期：15周　 预估酒精度（ABV）：10.9%　 苦味值：66IBU　 色度：25.4EBC

糖化

用水量：26L　用时：1小时　温度：67℃

谷物清单	用量
淡色麦芽	10kg
水晶麦芽	400g
焙烤特种Ⅲ型麦芽	30g

煮沸

用水量：27L　用时：1小时10分钟

酒花	用量	苦味值	何时添加
奇努克13.3%	71g	61.7IBU	煮沸开始后
卡斯卡特 6.6%	26g	4.3IBU	煮沸结束前10分钟
卡斯卡特 6.6%	100g	0	煮沸结束时

其他	用量	何时添加
澄清絮凝剂	1匙	煮沸结束前15分钟

发酵

温度：先在18℃下发酵4天，再在22℃发酵直至结束
后熟期：12℃下需13周

酵母：
W酵母：美国爱尔啤酒酵母1056

小贴士
这款啤酒酒精度高，需适度饮用。可以考虑将配方中的各种用量减半，只酿半桶酒即可。

麦芽浸出物版本

在65℃下，将400g的水晶麦芽和30g的焙烤特种Ⅲ型麦芽在27L水中浸渍30分钟。然后取出这些麦芽，添加6.3kg的淡色麦芽粉，加热至沸腾，再按配方加入指定的酒花和其他原料。

这款柔和甘甜的啤酒带有宜人的焦糖风味，与棕色爱尔啤酒相比，风味更浓，烘烤味更重，回味时有可口的巧克力味。

棕色波特啤酒 (Brown Porter)

麦汁原始比重1.049　预期最终比重1.012　总用水量：32L

 产量：23L　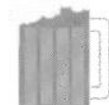 品饮期：5周　 预估酒精度（ABV）：4.9%　 苦味值：30.2IBU　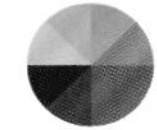 色度：45EBC

糖化

用水量：12.5L　用时：1小时　温度：67℃

谷物清单	用量
淡色麦芽	4kg
深色水晶麦芽	350g
巧克力麦芽	200g
棕色麦芽	300g

煮沸

用水量：27L　用时：1小时10分钟

酒花	用量	苦味值	何时添加
第一桶金 8.0%	31g	27.6IBU	煮沸开始后
第一桶金 8.0%	15g	2.7IBU	煮沸结束前10分钟

其他	用量	何时添加
澄清絮凝剂	1匙	煮沸结束前15分钟

发酵

温度：18℃　后熟期：12℃下需4周

酵母：

W酵母：伦敦爱尔啤酒酵母1028

麦芽浸出物版本

在65℃下，将350g的深色水晶麦芽，200g的巧克力麦芽和300g的棕色麦芽在27L水中浸渍30分钟。然后取出这些麦芽，添加2.5kg的淡色麦芽粉，加热至沸腾，再按配方加入指定的酒花和其他原料。

浓郁的麦芽熏烤味与淡淡的红莓味完美融合，使这款红褐色的冬日爱尔啤酒色泽深沉，令人难以抗拒。

烟熏波特啤酒 (Smoked Porter)

麦汁原始比重1.054　预期最终比重1.016　总用水量：33L

 产量：23L　 品饮期：6周　 预估酒精度（ABV）：5.1%　 苦味值：28IBU　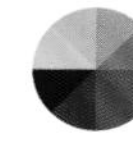 色度：49.6EBC

糖化

用水量：14.75L　用时：1小时　温度：65℃

谷物清单	用量
淡色麦芽	4.5kg
烟熏麦芽	700g
黑色麦芽	300g
水晶麦芽	200g
慕尼黑焦香Ⅰ型麦芽	200g

煮沸

用水量：27L　用时：1小时15分钟

酒花	用量	苦味值	何时添加
挑战者 7%	35g	23.8IBU	煮沸开始后
威拉米特 6.3%	20g	4.2IBU	煮沸结束前10分钟
威拉米特 6.3%	20g	0	煮沸结束时

其他	用量		何时添加
澄清絮凝剂	1匙		煮沸结束前15分钟

发酵

温度：18℃　后熟期：12℃下需5周

酵母：

W酵母：灵伍德爱尔啤酒酵母1187

小 贴 士
如果想增加烟熏味，可以于4天后在发酵桶中加入100g烘烤过的橡木片。

这款烈性的暖性啤酒带有复合的果香和顺爽纯净的回味。如名字所示，这款波特啤酒原产自波罗的海各国。

波罗的海波特啤酒 (Baltic Porter)

麦汁原始比重1.080　**预期最终比重**1.019　**总用水量：**35L

产量：23L

品饮期：至少12周

预估酒精度（ABV）：8.2%

苦味值：30.2IBU

色度：56.3EBC

糖化

用水量：19.2L　**用时：**1小时　**温度：**67℃

谷物清单	用量
慕尼黑麦芽	7kg
琥珀麦芽	300g
焙烤特种Ⅲ型麦芽	286g
饼干麦芽	200g
巧克力麦芽	300g
慕尼黑焦糖Ⅰ型麦芽	100g

煮沸

用水量：27L　**用时：**1小时10分钟

酒花	用量	苦味值	何时添加
萨兹 4.2%	74g	27.4IBU	煮沸开始后
萨兹 4.2%	15g	2.6IBU	煮沸结束前15分钟

其他	用量	何时添加
澄清絮凝剂	1匙	煮沸结束前15分钟

发酵

温度：12℃　**后熟期：**12℃下至少11周

酵母：
W酵母：十月庆典拉格混合啤酒酵母2633

小贴士
这款啤酒越久越醇，所以装瓶后，不妨尽量久贮，以获取更好的品质。

这款酒体饱满、风味复合的深色啤酒，回味干，类型上与棕色波特啤酒（参见第169页）相似，但由于添加了蜂蜜，所以风格更为独特。

蜂蜜波特啤酒 (Honey Porter)

麦汁原始比重1.048　预期最终比重1.009　总用水量：32L

产量：23L

品饮期：6周

预估酒精度（ABV）：5.2%

苦味值：19.8IBU

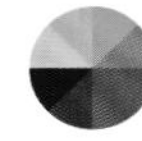
色度：50.3EBC

糖化

用水量：10.5L　用时：1小时　温度：65℃

谷物清单	用量
淡色麦芽	3kg
浅色水晶麦芽	500g
维也纳麦芽	400g
焙烤特种Ⅲ型麦芽	200g
巧克力麦芽	100g

煮沸

用水量：27L　用时：1小时10分钟

酒花	用量	苦味值	何时添加
富格尔 4.5%	23g	10.8IBU	煮沸开始后
挑战者 7%	15g	4.3IBU	煮沸结束前10分钟
瓦卡图 6.6%	16g	0	煮沸结束时

其他	用量	何时添加
澄清絮凝剂	1匙	煮沸结束前15分钟
蜂蜜	500g	煮沸结束前5分钟

发酵

温度：18℃　后熟期：12℃下需5周

酵母：

W酵母：美国爱尔啤酒Ⅱ型酵母1272

这款爱尔兰世涛啤酒是因为英式波特啤酒大获成功后，为了仿效而开始酿造的。但是与一般的波特啤酒相比，它的奶油味更重，酒体也更为饱满，是一款经典的风味醇厚的世涛啤酒。

干世涛啤酒 (Dry Stout)

麦汁原始比重1.048 **预期最终比重**1.013 **总用水量**：32L

 **产量**：23L  **品饮期**：5周  **预估酒精度（ABV）**：4.7%  **苦味值**：37.9IBU  **色度**：76.7EBC

糖化

用水量：12L **用时**：1小时 **温度**：67℃

谷物清单	用量
淡色麦芽	3.8kg
大麦片	500g
烘烤大麦	450g
巧克力麦芽	100g

煮沸

用水量：27L **用时**：1小时10分钟

酒花	用量	苦味值	何时添加
东肯特戈尔丁 5.5%	61g	37.9IBU	煮沸开始

其他	用量	何时添加
澄清絮凝剂	1匙	煮沸结束前15分钟

发酵

温度：18℃ **后熟期**：12℃下需4周

酵母：
W酵母：爱尔兰爱尔啤酒酵母1084

燕麦世涛啤酒有难以抗拒的顺滑口感，并带有浓郁的烘烤巧克力风味，是一款适合在冬日里饮用的可口宜人的啤酒。

燕麦世涛啤酒 (Oatmeal Stout)

麦汁原始比重1.049　**预期最终比重**1.014　**总用水量**：32L

 产量：23L　 品饮期：5周　 预估酒精度（ABV）：4.6%　 苦味值：30.3IBU　 色泽度：43.9EBC

糖化

用水量：12.2L　**用时**：1小时　**温度**：67℃

谷物清单	用量
淡色麦芽	4.2kg
燕麦片	250g
水晶麦芽	200g
巧克力麦芽	160g
烘烤大麦	70g

煮沸

用水量：27L　**用时**：1小时10分钟

酒花	用量	苦味值	何时添加
挑战者 7%	39g	30.3IBU	煮沸开始后
挑战者 7%	16g	0	煮沸结束时
戈尔丁5.5%	16g	0	煮沸结束时

其他	用量	何时添加
澄清絮凝剂	1匙	煮沸结束前15分钟

发酵

温度：20℃　**后熟期**：12℃下需4周

酵母：

W酵母：灵伍德爱尔啤酒酵母1087

小贴士
啤酒装瓶时，注意不要导入多余的氧气（比如酒液溅落时），因为其中的燕麦非常容易使啤酒变味。

在这款美式世涛啤酒中，巧克力和浓郁的烘烤咖啡风味，与淡淡的柑橘般的酒花香气进行调和。酿造时使用刚刚磨碎的咖啡，效果最佳。

咖啡世涛啤酒 (Coffee Stout)

麦汁原始比重1.058　**预期最终比重**1.015　**总用水量**：33L

 **产量**：23L

 **品饮期**：6周

 **预估酒精度（ABV）**：5.7%

 **苦味值**：40.6IBU

 **色度**：79.2EBC

糖化

用水量：14.6L　**用时**：1小时　**温度**：67℃

谷物清单	用量
淡色麦芽	5kg
烘烤大麦麦芽	250g
焙烤特种Ⅰ型麦芽	250g
浅色水晶麦芽	200g
慕尼黑焦糖Ⅰ型麦芽	200g
巧克力麦芽	150g

煮沸

用水量：27L　**用时**：1小时15分钟

酒花	用量	苦味值	何时添加
玛格努姆 16%	21g	35.5IBU	煮沸开始后
卡斯卡特 6.6%	21g	5.5IBU	煮沸结束前10分钟
卡斯卡特 6.6%	21g	0	煮沸结束时

其他	用量	何时添加
澄清絮凝剂	1匙	煮沸结束前15分钟

发酵

温度：18℃　**后熟期**：12℃下需5周

酵母：

W酵母：爱尔兰爱尔啤酒酵母1084

其他	用量	何时添加
新鲜咖啡	500mL	4天后

在这款美国世涛啤酒中，强烈的柑橘芳香和风味与深色的烘烤麦芽的苦味完美地融合在一起，颠覆了传统的英式和爱尔兰世涛啤酒。

美国世涛啤酒(American Stout)

麦汁原始比重1.060　预期最终比重1.010　总用水量：33L

产量：23L

品饮期：8周

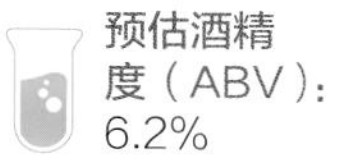
预估酒精度（ABV）：6.2%

苦味值：39.9IBU

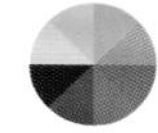
色度：76.7EBC

糖化

用水量：15L　用时：1小时　温度：65℃

谷物清单	用量
淡色麦芽	3kg
慕尼黑麦芽	2kg
黑色麦芽	500g
水晶麦芽	500g

煮沸

用水量：27L　用时：1小时15分钟

酒花	用量	苦味值	何时添加
奇努克 13.3%	28g	38.1IBU	煮沸开始后
阿马里洛 5%	10g	1.8IBU	煮沸结束前10分钟
阿马里洛 5%	50g	0	煮沸结束时

其他	用量	何时添加
澄清絮凝剂	1匙	煮沸结束前15分钟

发酵

温度：18℃　后熟期：12℃下需7周

酵母：

怀特实验室：加州爱尔啤酒酵母WLP001

牛奶世涛啤酒通常是在波特啤酒中添加牛奶而制成的，由体力劳动者在午餐时饮用。丝滑的口感中带有巧克力和咖啡的风味。

牛奶世涛啤酒 (Milk Stout)

麦汁原始比重1.059　**预期最终比重**1.018　**总用水量**：32.5L

 **产量**：23L

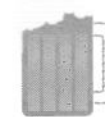 **品饮期**：5周

 **预估酒精度（ABV）**：5.2%

 **苦味值**：25IBU

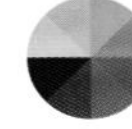 **色度**：63.6EBC

糖化

用水量：13.5L　**用时**：1小时　**温度**：67℃

谷物清单	用量
淡色麦芽	4.2kg
巧克力麦芽	300g
水晶麦芽	300g
烘烤大麦	200g
大麦片	200g
特种B级麦芽	200g

煮沸

用水量：27L　**用时**：1小时15分钟

酒花	用量	苦味值	何时添加
挑战者 7%	29g	21.7IBU	煮沸开始后
戈尔丁 5.5%	11g	3.3IBU	煮沸结束前15分钟

其他	用量	何时添加
澄清絮凝剂	1匙	煮沸结束前15分钟
乳糖	300g	煮沸结束前10分钟

发酵

温度：20℃　**后熟期**：12℃下需4周

酵母：

W酵母：伦敦爱尔啤酒Ⅲ型酵母1318

小贴士

乳糖属于不可发酵糖，所以如果希望啤酒味道更甜些，可以增加其用量。

这款啤酒原产自英格兰，出口到沙俄的宫廷中。啤酒中较高的酒精度和大量的酒花可以防止其变质，并保护其不会结冰。

沙俄帝国世涛啤酒 (Russian Imperial Stout)

麦汁原始比重1.080　预期最终比重1.019　总用水量：35L

产量：23L

品饮期：16周

预估酒精度（ABV）：8.2%

苦味值：60IBU

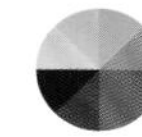
色度：76.3EBC

糖化

用水量：20L　用时：1小时　温度：65℃

谷物清单	用量
淡色麦芽	7kg
水晶麦芽	500g
烘烤大麦	200g
巧克力麦芽	150g
焙烤特种Ⅲ型麦芽	150g

煮沸

用水量：27L　用时：1小时15分钟

酒花	用量	苦味值	何时添加
挑战者 7%	61g	37.9IBU	煮沸开始后
戈尔丁 5.5%	61g	22.2IBU	煮沸结束前30分钟

其他	用量	何时添加
澄清絮凝剂	1匙	煮沸结束前15分钟

发酵

温度：20℃　后熟期：12℃下需15周

酵母：

W酵母：伦敦爱尔啤酒酵母1028

麦芽浸出物版本

在65℃下，将500g的水晶麦芽，200g的烘烤大麦，150g的巧克力麦芽和150g的焙烤特种Ⅲ型麦芽在27L水中浸渍30分钟。然后取出这些麦芽，添加4.4kg的淡色麦芽粉，加热至沸腾，再按配方加入指定的酒花和其他原料。

这款美味的啤酒混合了深沉浓厚的麦芽芳香和淡淡的香草味，回味时带有波本威士忌的甘甜。啤酒事先酿造好后，需要经过数月之久才能最终成熟。

香草波本世涛啤酒（Vanilla Bourbon Stout）

麦汁原始比重1.070　预期最终比重1.017　总用水量：34L

 产量：23L　 品饮期：16周　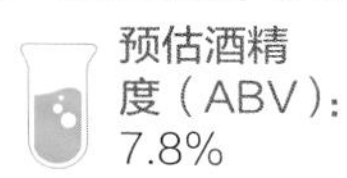 预估酒精度（ABV）：7.8%　 苦味值：30.2IBU　 色度：58.6EBC

糖化

用水量：17.5L　用时：1小时　温度：65℃

谷物清单	用量
淡色麦芽	4.9kg
维也纳麦芽	1.1kg
棕色麦芽	500g
巧克力麦芽	350g
水晶麦芽	200g

煮沸

用水量：27L　用时：1小时15分钟

啤酒花	用量	苦味值	何时添加
北酿 8%	35g	26.6IBU	煮沸开始后
挑战者 7%	16g	3.6IBU	煮沸结束前10分钟

其他	用量	何时添加
澄清絮凝剂	1匙	煮沸结束前15分钟

发酵

温度：20℃　后熟期：12℃下需15周

酵母：

W酵母：伦敦爱尔啤酒酵母1028

其他	用量	何时添加
香草豆荚	两个	4天后进行干投酒花，大约浸泡1周左右
波本威士忌	400mL	灌装前加入发酵桶即可

小麦啤酒

小麦啤酒在中世纪欧洲广泛酿造，也称为白啤酒，通过在糖化桶中添加大量小麦而制成。

在这种类型的啤酒中，小麦在谷物中的使用量超过50%，通常与淡色的麦芽混合在一起，因而酿出的啤酒干爽浑浊，不过多数风味和香气还是来自于所使用的特定酵母菌株。

上面发酵酵母

小麦型酵母属于真正的上面发酵酵母，由于所有酵母都会浮到麦汁表面，所以会在发酵时产生大量泡沫。发酵温度偏高，可以产生复合的风味化合物及酯类，通常这种现象出现在其他啤酒类型中时，会被视作缺陷。在这些迷人的啤酒中，我们会发现丁香味、香料味、香蕉味，有时还有口香糖的味道。比如，比利时小麦啤酒中，常常可以明显地感受到橙皮与香料的苦涩味。

浑浊现象

独特的发酵和饮用方法，让这款啤酒风格独树一帜。小麦啤酒通常需在酒瓶中进行后熟，经常冷饮，杀口力强。饮用时，轻轻晃动酵母沉淀物，以使酒体浑浊。

由于发酵温度较高并且风味多样，所以小麦啤酒适宜在家中酿造。因为该啤酒可以无需后熟即能饮用，所以是即饮型啤酒的佳品。

德式白啤酒

德式白啤酒原产自巴伐利亚地区。通过酒名就可以发现，这款啤酒与该地区的其他爱尔啤酒相比，在色泽上更浅。

外观：浅稻草色至深金色，有浓密持久的泡沫层，饮用时常常浑浊。

口感：苦味很低，常有丁香味、香蕉味和香草味。

香味：淡淡的酒花香，伴有柑橘、香蕉和丁香的味道，但不会太浓烈。

酒精度：4.3%~5.6%（ABV）

DE 白啤酒有多个类型，多产自德国。比如德国小麦啤酒（使用小麦酵母）未经过滤，因而浑浊，酒花苦味低。与此相反，水晶小麦啤酒（使用水晶小麦麦芽），经过过滤，所以更为透明。

参见第184~187页。

黑麦啤酒

糖化时使用黑麦，有谷物风味。在德国酿酒史中，黑麦经常用来替代大麦。

外观：浅金色至深金色。常有浑浊的橘色或红色，泡沫层浓密持久。

口感：辛辣的黑麦风味十分明显，与裸麦粗面包或黑麦面包类似。

香味：清淡的黑麦辛辣味，并伴有发酵时产生的丁香和香蕉味。

酒精度：4.5%~6%（ABV）

DE 小麦酵母通过低温发酵让德国黑麦啤酒产生香蕉味和丁香味相混合的特色。

US 美国黑麦啤酒酒精度高，酒花味重。辛辣的黑麦味通过柑橘酒花与相当中性的酵母味来进行补充。

参见第188~189页。

白啤酒

这款历史久远并几乎失传的啤酒类型，通过福佳啤酒厂的创始人皮耶·塞利斯（Pierre Celis）而再度流行起来。白啤酒口感辛香，酒精度适中。

外观：非常浅的稻草色。饮用时酒体浑浊，泡沫层浓密持久。

口感：新鲜清爽，辛香略酸，带有橘子的果香味，酒花味和苦味低。

香味：花香迷人的酒花和辛辣的胡荽，使得这款啤酒风味既明显又微妙。

酒精度：4.5%~5.5%（ABV）

BE 比利时白啤酒一般会添加胡荽、橘皮以及其他香料和药草。

参见第190~191页。

深色小麦啤酒

色泽异常深沉，与其他小麦啤酒相比，复合的麦芽特色更为出众。

外观：琥珀色至深棕色，纯白的泡沫层相当持久。酒体浑浊，杀口力强。

口感：有香蕉味和丁香味，但烘烤麦芽带来的甜焦糖特色更占据主导。

香味：丁香和香蕉的风味适中，较淡的顶级酒花香气。

酒精度：4.3~5.6%（ABV）

DE 德国深色小麦啤酒有明显的香蕉和丁香特色，并伴有焦糖麦芽的风味。略带欧洲顶级酒花的芳香。

US 美国深色小麦啤酒与它的德国兄弟相比，口味更强烈，酒花味更重。淡淡的麦芽风味通过柑橘酒花与相当中性的酵母味来进行补充。

参见第192~193页。

这款烈性小麦啤酒于1907年在慕尼黑开始酿造，酒味醇厚，呈深琥珀色，并带有丁香般的香料风味。饮用时会有绵长的浅黄褐色泡沫层。

博克小麦啤酒 (Weizenbock)

麦汁原始比重1.065 **预期最终比重**1.016 **总用水量**：33.5L

 **产量**：23L 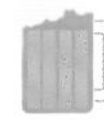  **品饮期**：4周 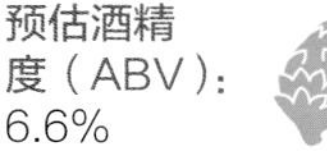 **预估酒精度（ABV）**：6.6%  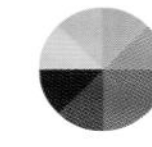 **苦味值**：19.8IBU **色度**：28.3EBC

糖化

用水量：16L **用时**：1小时 **温度**：65℃

谷物清单	用量
小麦麦芽	3.6kg
慕尼黑麦芽	2.4kg
焦糖小麦麦芽	250g
巧克力小麦麦芽	120g

煮沸

用水量：27L **用时**：1小时15分钟

酒花	用量	苦味值	何时添加
萨兹 4.2%	48g	19.8IBU	煮沸开始后

其他	用量	何时添加
澄清絮凝剂	1匙	煮沸结束前15分钟

发酵

温度：24℃ **后熟期**：12℃下需3周

酵母：
W酵母：巴伐利亚小麦啤酒酵母3056

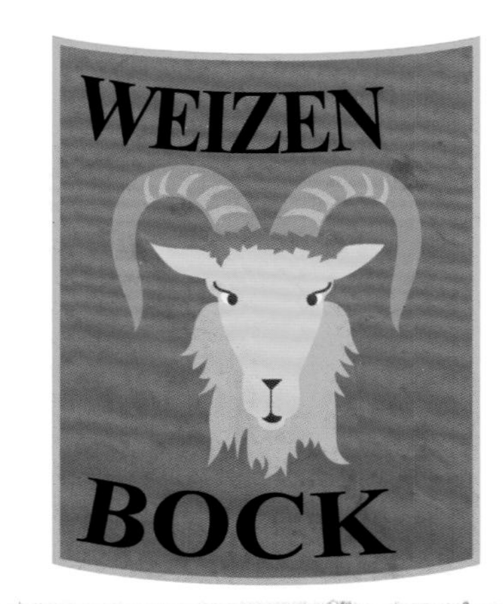

在酵母的作用下，这款口味独特的巴伐利亚啤酒由香蕉和口香糖的风味占据主导。倒酒时，激起酵母沉淀物，使酒体浑浊，此时饮用最佳。

德式白啤酒（Weissbier）

麦汁原始比重1.050　预期最终比重1.012　总用水量：32L

 产量：23L　 品饮期：4周　 预估酒精度（ABV）：5%　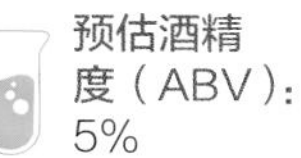  苦味值：15.3IBU　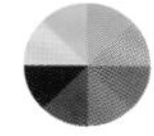 色度：6.3EBC

糖化

用水量：12.5L　用时：1小时　温度：65℃

谷物清单	用量
小麦麦芽	2.7kg
比尔森麦芽	2.3kg

煮沸

用水量：27L　用时：1小时10分钟

酒花	用量	苦味值	何时添加
哈拉道赫斯布鲁克 3.5%	25g	9.6IBU	煮沸开始后
萨兹 4.2%	12g	5.7IBU	煮沸开始后

其他	用量	何时添加
澄清絮凝剂	1匙	煮沸结束前15分钟

发酵

温度：22℃　后熟期：12℃下需3周

酵母：
W酵母：唯森小麦啤酒酵母3068

麦芽浸出物版本

在27L水中加入3kg的小麦芽粉，加热至沸腾，再按配方加入指定的酒花。

这款清爽朦胧的啤酒在浓烈的美国酒花和酵母的作用下，充满了强烈的柑橘风味和香气。

美国小麦啤酒 (American Wheat Beer)

麦汁原始比重1.058　**预期最终比重**1.013　**总用水量**：33L

 产量：23L　 品饮期：4周　 预估酒精度（ABV）：5.9%　 苦味值：25IBU　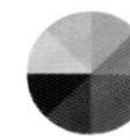 色度：9.1EBC

糖化

用水量：14.5L　**用时**：1小时　**温度**：65℃

谷物清单	用量
小麦麦芽	3kg
拉格麦芽	2.5kg
比尔森焦糖麦芽	300g

煮沸

用水量：27L　**用时**：1小时10分钟

酒花	用量	苦味值	何时添加
西楚	17g	25.0IBU	煮沸开始后
西楚	26g	0	煮沸结束

其他	用量	何时添加
澄清絮凝剂	1匙	煮沸结束前15分钟

发酵

温度：18℃　**后熟期**：12℃下需3周

酵母：
W酵母：美国小麦啤酒酵母1010

小贴士
为了从酵母中获取更多果香味，可以试着在22℃的较高温度下进行发酵。

麦芽浸出物版本

在65℃下，将300g的比尔森焦糖麦芽在27L水中浸渍30分钟。然后取出这些麦芽，添加3.3kg的小麦芽粉，加热至沸腾，再按配方加入指定的酒花。

这款不同寻常的啤酒原产自巴伐利亚地区，口味浓烈，风味辛香，与酵母释放的苹果味、梨味和香蕉味混合在一起。

德式黑麦啤酒 (Roggenbier)

麦汁原始比重1.051　预期最终比重1.013　总用水量：32L

 产量：23L　 品饮期：4周　 预估酒精度（ABV）：5%　 苦味值：14.6IBU　 色度：30.9EBC

糖化

用水量：12.25L　用时：1小时　温度：65℃

谷物清单	用量
黑麦麦芽	2.9kg
慕尼黑麦芽	1.6kg
水晶小麦麦芽	300g
焙烤特种Ⅲ型麦芽	120g

煮沸

用水量：27L　用时：1小时15分钟

酒花	用量	苦味值	何时添加
哈拉道赫斯布鲁克 3.5%	31g	11.7IBU	煮沸开始后
哈拉道赫斯布鲁克 3.5%	15g	2.8IBU	煮沸结束前10分钟
泰特昂 4.5%	15g	0	煮沸结束

其他	用量	何时添加
澄清絮凝剂	1匙	煮沸结束前15分钟

发酵

温度：24℃　后熟期：12℃下需3周

酵母：

W酵母：巴伐利亚小麦啤酒酵母3338

这款色淡、干爽、微辣的啤酒在美国酒花的作用下，带有清爽的柑橘风味，并与德国酵母带来的纯净余味互相补充。

黑麦啤酒 (Rye Beer)

麦汁原始比重1.056　预期最终比重1.013　总用水量：32.5L

 产量：23L　 品饮期：4周　 预估酒精度（ABV）：5.6%　 苦味值：25.5IBU　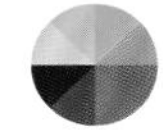 色度：9.8EBC

糖化

用水量：13.75L　用时：1小时　温度：65℃

谷物清单	用量
黑麦麦芽	3kg
淡色麦芽	2.5kg

煮沸

用水量：27L　用时：1小时10分钟

酒花	用量	苦味值	何时添加
奇努克 13.3%	18g	25.5IBU	煮沸开始后
阿马里洛 5%	50g	0	煮沸结束

其他	用量	何时添加
澄清絮凝剂	1匙	煮沸结束前15分钟

发酵

温度：18℃　后熟期：12℃下需3周

酵母：
W酵母：科隆啤酒酵母2565

酒花	用量	何时添加
阿马里洛 5%	25g	4天后投入，浸渍一周左右

这是一款酒体浑浊的比利时式经典啤酒，胡荽的香料味混合着香蕉和橘子的复合味，使这款白啤酒风格显著。

比利时白啤酒 (Witbier)

麦汁原始比重1.045　预期最终比重1.011　总用水量：31.5L

 产量：23L　 品饮期：4周　 预估酒精度（ABV）：4.5%　 苦味值：15.3IBU　 色度：7.8EBC

糖化

用水量：11.5L　用时：1小时　温度：65℃

谷物清单	用量
小麦麦芽	2.3kg
淡色麦芽	2.3kg

煮沸

用水量：27L　用时：1小时10分钟

酒花	用量	苦味值	何时添加
萨兹 4.2%	32g	15.3IBU	煮沸开始后

其他	用量	何时添加
澄清絮凝剂	1匙	煮沸结束前15分钟
库拉索苦橙皮	25g	煮沸结束前10分钟
胡荽子（略压碎）	25g	煮沸结束前10分钟

发酵

温度：24℃　后熟期：12℃下需3周

酵母：

W酵母：比利时白啤酒酵母3944

小贴士
由于这种酵母会在发酵时产生大量的泡沫，所以请确保你的发酵桶顶部有足够的空间。

麦芽浸出物版本

在27L水中加入2.7kg的小麦芽粉，加热至沸腾，再按配方加入指定的酒花和其他原料。

这款奶油味的德国小麦啤酒美味可口，其复合的麦芽特色与混合型酵母释放的复合果香味巧妙融合在一起。

德国深色小麦啤酒 (Dunkelweizen)

麦汁原始比重1.056　**预期最终比重**1.014　**总用水量**：32.5L

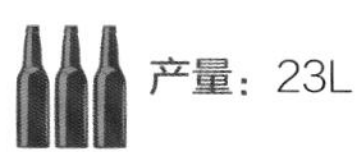 产量：23L　 品饮期：4周　 预估酒精度（ABV）：5.6%　 苦味值：15.3IBU　 色度：29.5EBC

糖化

用水量：13.5L　**用时**：1小时　**温度**：65℃

谷物清单	用量
小麦麦芽	2.7kg
慕尼黑麦芽	2.3kg
慕尼黑焦糖III 型麦芽	300g
特种B级麦芽	300g

煮沸

用水量：27L　**用时**：1小时10分钟

酒花	用量	苦味值	何时添加
泰特昂 4.5%	32g	15.3IBU	煮沸开始后

其他	用量	何时添加
澄清絮凝剂	1匙	煮沸结束前15分钟

发酵

温度：22℃　**后熟期**：12℃下需3周

酵母：
W酵母：巴伐利亚小麦啤酒酵母3056

这款深色的麦芽味的啤酒更像一款爱尔啤酒，而不是传统的小麦啤酒。虽然小麦风味和特色明显，但却有酒花和柑橘的芳香和风味。

深色小麦啤酒 (Dark Wheat Beer)

麦汁原始比重1.064　预期最终比重1.015　总用水量：33.5L

 产量：23L　 品饮期：6周　 预估酒精度（ABV）：6.5%　 苦味值：44IBU　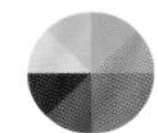 色度：28.8EBC

糖化

用水量：16.25L　用时：1小时　温度：65℃

谷物清单	用量
维也纳麦芽	3kg
小麦麦芽	2.6kg
饼干麦芽	500g
水晶小麦麦芽	300g
焙烤特种Ⅰ型麦芽	100g

煮沸

用水量：27L　用时：1小时10分钟

酒花	用量	苦味值	何时添加
玛格努姆 11%	40g	44.1IBU	煮沸开始后
威拉米特 6.3%	24g	0	煮沸结束

其他	用量	何时添加
澄清絮凝剂	1匙	煮沸结束前15分钟

发酵

温度：18℃　后熟期：12℃下需5周

酵母：

W酵母：科隆啤酒酵母2565

混合啤酒

放在这里的啤酒很难归类到拉格啤酒、爱尔啤酒或小麦啤酒之中，不过它们在品质和酿造方法上还是有一定共性的。

这个类别中的啤酒都是混合型啤酒，通常结合了拉格啤酒和爱尔啤酒的发酵方法。比如，科隆啤酒就是像爱尔啤酒一样，使用上面发酵酵母进行酿造的，但是却在低温下进行后贮，所以拥有类似拉格啤酒一样的纯净口味。与之相反，加州康芒啤酒采用拉格酵母，但却在适宜于爱尔啤酒的较高温度下进行发酵。

勇于尝试

对于那些富有创造力的自酿者而言，药草啤酒、香料啤酒、水果啤酒，甚至蔬菜啤酒，都是非常值得一试的。你可以从这里的配方出发，踏上精彩的拓荒之旅。只要你能通过调整用量来改变风味，那么你就一定可以借助任何一种天然原料酿出令人激动的绝世佳酿。

成功三要素

在发酵初期结束后，将水果添加到发酵桶中。此时桶中的酒精可以减少细菌侵染的风险。如果将其加到煮沸桶中，则会随着煮沸而失去水果的特色。

煮沸结束前几分钟加入药草和香料，可以使其风味得到释放。但如果煮的时间过长，其风味和香气则会挥发掉，变成苦味甚至发涩。药草和香料也可以在前发酵结束后直接添加到发酵桶中。

适量使用，过犹不及。对啤酒而言，药草、香料、水果或蔬菜带来的微妙风味才是最好的。

淡色混合啤酒

这些啤酒采用下面拉格发酵酵母，但在较高的温度下发酵，因而兼有爱尔啤酒般饱满的酒体和拉格啤酒般纯净的余味。

外观：依品种而定，但大多颜色非常浅，如水晶般清透，白色泡沫层较为持久。

口感：依品种而定。不过大多纯净，苦味低，回味干爽。

香味：一般来说，风味中性，麦芽味和酒花味低。

酒精度：3.8%~5.6%（ABV）

US 奶油爱尔啤酒是广受欢迎的美式混合啤酒。味淡，口感纯净，且非常新鲜。

DE 科隆啤酒采用上面发酵酵母，味淡，酒花味重，酒体清澈。该酒名受保护，并仅限德国科隆地区大约20家酿酒厂使用。

参见第196~197页。

琥珀混合啤酒

与淡色混合啤酒相似，但采用烘烤麦芽酿造，因为风味更为浓厚，这些浅棕色啤酒也称为苦啤酒。

外观：浅棕色至深铜色，大多酒体清透，带有不错的泡沫层。

口感：苦味和麦芽味相当重，余味清爽。

香味：依品种而定，适中的酒花香伴有少许麦芽香气。

酒精度：4.5%~5.5%（ABV）

DE 来自德国北部，特别是杜塞尔多夫的老啤酒，是经典的琥珀色混合啤酒。酒名显示其酿造工艺比较传统，用爱尔酵母在低温下发酵。

参见第198~201页。

药草和香料啤酒

少量使用药草和香料，以尝试获取不同的风味。

外观：大多酒体清透，其色泽会根据所使用原料的颜色而发生变化。

口感：整体较干，略带药草和香草的味道。

香味：淡淡的酒花香，不过仍以药草味为主。

酒精度：4%~6%（ABV）

GB 弗拉奇，在盖尔语中意为石楠，是苏格兰古老且独特的啤酒类型，已有上千年历史。

参见第202~205页。

果蔬啤酒

水果和蔬菜可以释放醇厚的风味，使啤酒个性鲜明。

外观：根据使用的水果或蔬菜而不同，不过大多都略显浑浊。

口感：所使用的特定水果或蔬菜风味占据主导，不过可以通过调整酒花的苦味予以些许调整。

香味：淡淡的酒花香与麦芽香，与水果味或蔬菜味完美融合在一起。

酒精度：4%~6%（ABV）

BE 水果小麦啤酒和樱桃拉比克啤酒是广受欢迎的比利时啤酒。桃味啤酒和覆盆子啤酒也很常见。

US 南瓜啤酒在美国是秋季最爱，加入红辣椒酿出的淡色爱尔啤酒也很受欢迎。

参见第206~211页。

这款经典的美国爱尔啤酒，色淡，干爽，在温暖的夏日饮用更为清爽。淡淡的柑橘味与纯净中性的余味完美融合。

奶油爱尔啤酒 (Cream Ale)

麦汁原始比重1.055　**预期最终比重**1.014　**总用水量**：32.5L

 **产量**：23L　 **品饮期**：4周　 **预估酒精度（ABV）**：5.5%　 **苦味值**：19.8IBU　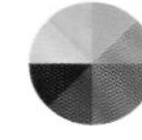 **色度**：9.6EBC

糖化

用水量：13.75L　**用时**：1小时　**温度**：65℃

谷物清单	用量
淡色麦芽	5kg
玉米片	500g

煮沸

用水量：27L　**用时**：1小时10分钟

酒花	用量	苦味值	何时添加
百周年 8.5%	22g	19.8IBU	煮沸开始后
胡德峰 4.5%	33g	0	煮沸结束

其他	用量	何时添加
澄清絮凝剂	1匙	煮沸结束前15分钟

发酵

温度：18℃
后熟期：12℃下需3周

酵母：
W酵母：加州爱尔啤酒酵母2112

这款德国特种啤酒，采用爱尔啤酒一样的上面发酵技术，但却如拉格啤酒一般在低温下后贮，它拥有淡淡的酒花芳香和纯净的特点。

科隆啤酒（Kölsch）

麦汁原始比重1.046　预期最终比重1.011　总用水量：31.5L

 产量：23L　 品饮期：4周　 预估酒精度（ABV）：4.6%　 苦味值：25IBU　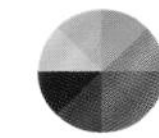 色度：7.2EBC

糖化

用水量：11.25L　用时：1小时　温度：65℃

谷物清单	用量
比尔森麦芽	4kg
比尔森焦糖麦芽	500g

煮沸

用水量：27L　用时：1小时10分钟

酒花	用量	苦味值	何时添加
斯派尔特精选 4.5%	44g	22.8IBU	煮沸开始后
泰特昂 4.5%	22g	2.2IBU	煮沸结束前5分钟
泰特昂 4.5%	44g	0	煮沸结束

其他	用量	何时添加
澄清絮凝剂	1匙	煮沸结束前15分钟

发酵

温度：18℃　后熟期：12℃下需3周

酵母：

W酵母：科隆啤酒酵母2565

麦芽浸出物版本

在65℃下，将500g的比尔森焦糖麦芽在27L的水中浸渍30分钟。然后取出这些麦芽，添加2.5kg的特浅麦芽粉，加热至沸腾，再按配方加入指定的酒花。

这款美式琥珀色爱尔啤酒，有着如拉格啤酒般的纯净后味。带有木质香和薄荷味的酒花芳香和风味得益于德国北酿酒花的使用。

加州康芒啤酒 (Californian Common)

麦汁原始比重1.052　预期最终比重1.016　总用水量：32L

产量：23L

品饮期：6周

预估酒精度（ABV）：4.8%

苦味值：40.5IBU

色度：21.8EBC

糖化

用水量：13L　用时：1小时　温度：65℃

谷物清单	用量
淡色麦芽	3.8kg
维也纳麦芽	1kg
水晶麦芽	300g
巧克力麦芽	50g

煮沸

用水量：27L　用时：1小时10分钟

啤酒花	用量	苦味值	何时添加
北酿 8%	41g	36.3IBU	煮沸开始后
北酿 8%	14g	4.2IBU	煮沸结束前10分钟
北酿 8%	41g	0	煮沸结束

其他	用量	何时添加
澄清絮凝剂	1匙	煮沸结束前15分钟

发酵

温度：18℃　后熟期：12℃下需5周

酵母：

W酵母：加州爱尔啤酒酵母2112

这是典型的德国老啤酒或陈年啤酒的最好代表，纯净，呈深棕色，苦味相当重，并带有焦糖的麦芽香味。

北德国老啤酒(North German Altbier)

麦汁原始比重1.048　预期最终比重1.012　总用水量：32L

 产量：23L

 品饮期：8周

 预估酒精度（ABV）：4.8%

 苦味值：34.9IBU

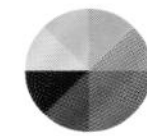 色度：26.5EBC

糖化

用水量：13L　用时：1小时　温度：65℃

谷物清单	用量
比尔森麦芽	2kg
淡色麦芽	2kg
慕尼黑焦糖III 型麦芽	500g
比尔森焦糖麦芽	300g
焙烤特种III 型麦芽	60g

煮沸

用水量：27L　用时：1小时10分钟

酒花	用量	苦味值	何时添加
玛格努姆 11%	28g	34.7IBU	煮沸开始后

其他	用量	何时添加
澄清絮凝剂	1匙	煮沸结束前15分钟

发酵

温度：12℃　后熟期：3℃下需7周

酵母：

W酵母：德国爱尔啤酒酵母1007

麦芽浸出物版本

在65℃下，将500g的慕尼黑焦糖III型麦芽，300g比尔森焦糖麦芽和60g的焙烤特种III型麦芽在27L水中浸渍30分钟。然后取出这些麦芽，添加2.5kg的特浅麦芽粉，加热至沸腾，再按配方加入指定的酒花。

杜塞尔多夫老啤酒与其他地区酿制的老啤酒相比，味道更为浓烈，苦味更重。低温发酵和较长的贮藏期使得这款爱尔啤酒顺爽丝滑。

杜塞尔多夫老啤酒 (Düsseldorf Altbier)

麦汁原始比重1.053 预期最终比重1.013 总用水量：32L

 产量：23L  品饮期：8周  预估酒精度（ABV）：5.3%  苦味值：49.6IBU 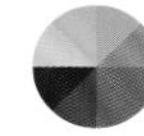 色度：22.1EBC

糖化

用水量：13L 用时：1小时 温度：65℃

谷物清单	用量
比尔森麦芽	4.8kg
淡色水晶麦芽	350g
黑色麦芽	70g

煮沸

用水量：27L 用时：1小时10分钟

酒花	用量	苦味值	何时添加
斯派尔特精选 4.5%	93g	45.3IBU	煮沸开始后
斯派尔特精选 4.5%	46g	4.4IBU	煮沸结束前5分钟
斯派尔特精选 4.5%	50g	0	煮沸结束

其他	用量	何时添加
澄清絮凝剂	1匙	煮沸结束前15分钟

发酵

温度：18℃ 后熟期：3℃下需7周

酵母：
W酵母：泰晤士河谷爱尔啤酒酵母1275

麦芽浸出物版

在65℃下，将350g的淡色水晶麦芽和70g的黑色麦芽在27L水中浸渍30分钟。然后取出这些麦芽，添加3kg的特浅麦芽粉，加热至沸腾，再按配方加入指定的酒花。

这款不同寻常的啤酒中的多种风味非常完美地融合在一起。由于带有香料和柑橘的特色，外加酒花的芳香，所以适合与辣味食物搭配。

胡荽子酸橙香料啤酒 (Spiced Coriander and Lime Beer)

麦汁原始比重1.050　**预期最终比重**1.011　**总用水量：**32L

 **产量：**23L
 **品饮期：**4周
 **预估酒精度（ABV）：**5.1%
 **苦味值：**37.1IBU
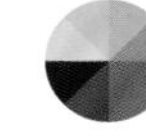 **色度：**9EBC

糖化

用水量：12.5L　**用时：**1小时　**温度：**65℃

谷物清单	用量
淡色麦芽	4kg
比尔森焦糖麦芽	500g
小麦麦芽	500g

煮沸

用水量：27L　**用时：**1小时10分钟

酒花	用量	苦味值	何时添加
玛格努姆 16%	20g	35.4IBU	煮沸开始后
利伯蒂 4.5%	10g	1.7IBU	煮沸结束前10分钟
利伯蒂 4.5%	30g	0	煮沸结束

其他	用量	何时添加
澄清絮凝剂	1匙	煮沸结束前15分钟
压碎的胡荽子	25g	煮沸结束前10分钟

发酵

温度：18℃　**后熟期：**12℃下需2周

酵母：
怀特实验室：加州爱尔啤酒酵母WLP001

酒花/其他	用量	何时添加
博贝克（施蒂里亚戈尔丁）	50g	4天后，干投大约1周
干碎的柠檬叶	4只茎秆	同上
干卡菲尔酸橙叶	5g	同上
磨碎的生姜	50g	同上

传统酿造中只用云杉枝和糖浆，但在现代工艺中，除了继续保留了云杉的树枝特色，风味却更加圆润丰满。

云杉啤酒 (Spruce Beer)

麦汁原始比重1.051　预期最终比重1.014　总用水量：32L

 产量：23L　 品饮期：6周　 预估酒精度（ABV）：4.8%　 苦味值：25IBU　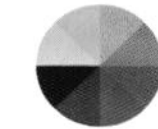 色度：15.5EBC

糖化

用水量：12.75L　用时：1小时　温度：65℃

谷物清单	用量
淡色麦芽	44kg
焦糖麦芽	500g
水晶小麦麦芽	200g

煮沸

用水量：27L　用时：1小时10分钟

酒花	用量	苦味值	何时添加
玛格努姆 16%	14g	25.0IBU	煮沸开始后
玛格努姆 16%	7g	0	煮沸结束

其他	用量	何时添加
云杉树枝	150g	煮沸开始后
澄清絮凝剂	1匙	煮沸结束前15分钟

发酵

温度：18℃　后熟期：12℃下需4周

酵母：

怀特实验室：加州爱尔啤酒酵母WLP001

啤酒花/其他	用量	何时添加
阿波罗 19.5%	50g	4天后投入，干投大约1周

这款浑浊辛辣的啤酒，与比利时小麦啤酒相近，但回味干，带有蜂蜜味。丁香、橘子和辛辣的桂皮风味，使这款清爽的啤酒独一无二。

蜂蜜香料啤酒 (Spiced Honey Beer)

麦汁原始比重1.051　预期最终比重1.009　总用水量：32L

 产量：23L　 品饮期：4周　 预估酒精度（ABV）：5.6%　 苦味值：11.6IBU　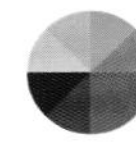 色度：9.1EBC

糖化

用水量：11L　用时：1小时　温度：65℃

谷物清单	用量
淡色麦芽	4.4kg

煮沸

用水量：27L　用时：1小时10分钟

酒花	用量	苦味值	何时添加
哈拉道赫斯布鲁克 4.1%	22g	10.6IBU	煮沸开始后
哈拉道赫斯布鲁克 4.1%	5g	0.9IBU	煮沸结束前5分钟
哈拉道赫斯布鲁克 4.1%	6g	0.1IBU	煮沸结束前1分钟

其他	用量	何时添加
澄清絮凝剂	1匙	煮沸结束前15分钟
压碎的胡荽子	38g	煮沸结束前10分钟
库索拉苦橙皮	16g	煮沸结束前10分钟
蜂蜜	500g	煮沸结束前10分钟

发酵

温度：24℃　后熟期：12℃下需3周

酵母：

W酵母：唯森小麦啤酒酵母3068

麦芽浸出物版本

在27L水中加入2.7kg特浅麦芽粉，加热至沸腾，再按配方加入指定酒花。

与传统的生姜啤酒相比，这款啤酒更像是添加了生姜的爱尔啤酒。其鲜明的辛辣特色可以通过银河酒花的柑橘味来进行调和。

生姜啤酒 (Ginger Beer)

麦汁原始比重1.045　预期最终比重1.011　总用水量：32.5L

 产量：23L　 品饮期：4周　 预估酒精度（ABV）：4.5%　 苦味值：25.1IBU　 色度：6.3EBC

糖化

用水量：13.75L　用时：1小时　温度：65℃

谷物清单	用量
拉格麦芽	3.5kg
玉米片	1kg

煮沸

用水量：27L　用时：1小时10分钟

酒花	用量	苦味值	何时添加
银河 14.4%	14g	22.9IBU	煮沸开始后
银河 14.4%	7g	2.1IBU	煮沸结束前5分钟
银河 14.4%	20g	0	煮沸结束

其他	用量	何时添加
澄清絮凝剂	1匙	煮沸结束前15分钟
磨碎的生姜	150g	煮沸结束前5分钟

发酵

温度：18℃　后熟期：12℃下需3周

酵母：

W酵母：伦敦爱尔啤酒酵母1028

小贴士
为使最终的啤酒具有强烈火热的风味，可以在煮沸时加入更多磨碎的生姜（最多300g）。

发酵时加入覆盆子（树莓），使得这款比利时式小麦啤酒令人难以抗拒。而作为一款夏日佳饮，它必定可以吸引住那些先前不喝啤酒的人。

覆盆子小麦啤酒 (Raspberry Wheat Beer)

麦汁原始比重1.050 预期最终比重1.012 总用水量：32L

 产量：23L  品饮期：4周  预估酒精度（ABV）：5.1%  苦味值：15.3IBU 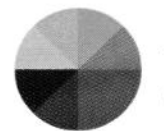 色度：7.2EBC

糖化

用水量：12.5L 用时：1小时 温度：65℃

谷物清单	用量
拉格麦芽	2.7kg
小麦麦芽	2.3kg

煮沸

用水量：27L 用时：1小时10分钟

酒花	用量	苦味值	何时添加
挑战者 7%	20g	15.0IBU	煮沸开始后

其他	用量	何时添加
澄清絮凝剂	1匙	煮沸结束前15分钟

发酵

温度：22℃ 后熟期：12℃下需2周

酵母：
W酵母：美国小麦啤酒酵母1010

其他	用量	何时添加
覆盆子（树莓）	2.5kg	两天后投入，浸泡大约1周

小贴士
如果你喜欢，也可以用冷冻的覆盆子替换新鲜的覆盆子，它们同样好用，而且一般来说更为廉价。

麦芽浸出物版本

在27L水中加入3kg的淡色麦芽粉，加热至沸腾，再按配方加入指定的酒花。

新鲜的水果给这款清爽可口的夏日啤酒带来些许干草莓风味，并且如你所愿，既不会太甜，也不会过于浓烈。

草莓啤酒 (Strawberry Beer)

麦汁原始比重1.044　预期最终比重1.010　总用水量：33L

 产量：23L　 品饮期：4周　 预估酒精度（ABV）：4.4%　 苦味值：18.4IBU　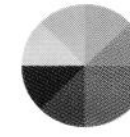 色度：8EBC

糖化

用水量：14.5L　用时：1小时　温度：65℃

谷物清单	用量
拉格麦芽	3.4kg
慕尼黑麦芽	750g
烘干小麦麦芽	250g

煮沸

用水量：27L　用时：1小时10分钟

酒花	用量	苦味值	何时添加
挑战者 7%	20g	16.2IBU	煮沸开始后
西莉亚（施蒂里亚戈尔丁）5.5%	10g	2.2IBU	煮沸结束前10分钟
西莉亚（施蒂里亚戈尔丁）5.5%	30g	0	煮沸结束

其他	用量	何时添加
澄清絮凝剂	1匙	煮沸结束前15分钟

发酵

温度：18℃　后熟期：12℃下需2周

酵母：
怀特实验室：加州爱尔啤酒酵母WLP001

其他	用量	何时添加
草莓	3.5kg	4天后投入，浸泡大约1周

这款新西兰式的白啤酒中的猕猴桃给啤酒加入了柑橘风味，使其发生明显的变化。复合的水果风味虽然不同寻常，但颇能令人满意。

猕猴桃小麦啤酒 (Kiwi Wheat Beer)

麦汁原始比重1.055　预期最终比重1.013　总用水量：32.5L

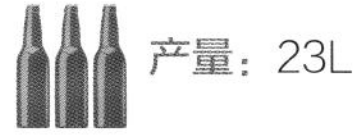 产量：23L  品饮期：6周  预估酒精度（ABV）：5.5%  苦味值：22.4IBU 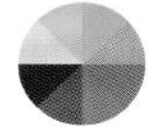 色度：7.7EBC

糖化

用水量：13.75L　用时：1小时　温度：65℃

谷物清单	用量
拉格麦芽	3kg
小麦麦芽	2.5kg

煮沸

用水量：27L　用时：1小时10分钟

酒花	用量	苦味值	何时添加
挑战者 7%	30g	22.4IBU	煮沸开始后
西莉亚（施蒂里亚戈尔丁）5.5%	20g	0	煮沸结束

其他	用量	何时添加
澄清絮凝剂	1匙	煮沸结束前15分钟
压碎的胡荽子	25g	煮沸结束前5分钟

发酵

温度：22℃　后熟期：12℃下需4周

酵母：

W酵母：禁果啤酒酵母3463

其他	用量	何时添加
猕猴桃（去皮切碎）	1.5kg	4天后投入，浸泡大约1周

麦芽浸出物版本

在27L水中加入2.8kg的淡色麦芽粉，加热至沸腾，再按配方加入指定的酒花和其他原料。

美国殖民地时期，这款啤酒因为价格低廉，一般用来在当地替代麦芽啤酒。作为一款节令性啤酒，可以通过添加少量香料，来调和其鲜明的南瓜特色。

南瓜啤酒 (Pumpkin Ale)

麦汁原始比重1.050 **预期最终比重**1.012 **总用水量**：32L

 **产量**：23L  **品饮期**：6周  **预估酒精度（ABV）**：5.2%  **苦味值**：22.8IBU 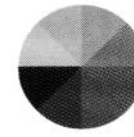 **色度**：15.7EBC

糖化

用水量：12.5L **用时**：1小时 **温度**：65℃

谷物清单	用量
淡色麦芽	3.4kg
慕尼黑麦芽	1kg
小麦麦芽	500g
特种B级麦芽	100g

煮沸

用水量：27L **用时**：1小时10分钟

酒花	用量	苦味值	何时添加
玛格努姆 16%	12g	21.8IBU	煮沸开始后
中早熟哈拉道 5%	9g	1.0IBU	煮沸结束前5分钟

其他	用量	何时添加
澄清絮凝剂	1匙	煮沸结束前15分钟
桂皮	1根	煮沸结束前5分钟
生姜	0.5匙	煮沸结束前5分钟
香草荚	1根2cm	煮沸结束前5分钟
整朵丁香花（压碎）	2朵	煮沸结束前5分钟

发酵

温度：18℃ **后熟期**：12℃下需5周

酵母：

怀特实验室：加州爱尔啤酒酵母WLP001

在酒花得以应用之前，人们用荨麻来给啤酒调味。在这款啤酒中，完美地发挥出了荨麻的泥土芳香与啤酒花的酒花香和柑橘味。

荨麻啤酒 (Nettle Beer)

麦汁原始比重1.041　预期最终比重1.010　总用水量：31L

 产量：23L　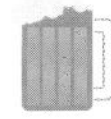 品饮期：4周　 预估酒精度（ABV）：4%　 苦味值：25IBU　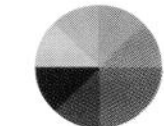 色度：9.3EBC

糖化

用水量：10L　用时：1小时　温度：65℃

谷物清单	用量
淡色麦芽	3kg
慕尼黑麦芽	1kg

煮沸

用水量：27L　用时：1小时10分钟

酒花	用量	苦味值	何时添加
富格尔 4.5%	38g	20.1IBU	煮沸开始后
威拉米特 6.3%	19g	4.9IBU	煮沸结束前10分钟
西莉亚（施蒂里亚戈尔丁）5.5%	19g	0	煮沸结束时

其他	用量	何时添加
刚采摘的荨麻叶	100g	煮沸开始后
澄清絮凝剂	1匙	煮沸结束前15分钟

发酵

温度：18℃　后熟期：12℃下需3周

酵母：
W酵母：泰晤士河谷爱尔啤酒酵母1275

实用信息

一、常见疑问

（1）如何增加啤酒的酒精度数?

简单来说就是要多加糖。发酵时，酵母会将额外添加的糖转化成更多的酒精。作为副产品，使用干麦芽浸出物（DME）作为糖分来源最佳，它可以获取更多的酒精，但不会增加甜味。请牢记，酵母与添加的干麦芽浸出物（DME）或糖分只有相匹配，才能进行有效发酵。以酿造23L的啤酒为例，按如下说明操作。

■ 500g的麦芽浸出物可增加大约0.5%的酒精度（ABV）。

■ 1kg的麦芽浸出物可增加大约1%的酒精度（ABV）。

■ 500g的红糖可增加大约0.9%的酒精度（ABV）。

■ 500g的枫糖浆可增加大约0.7%的酒精度（ABV）。

■ 1kg的蜂蜜可增加大约0.7%的酒精度（ABV）。

（2）为什么麦汁的原始比重会比预期比重低?

主要原因有三个：

■ 在酿造盒或麦芽浸出物酿造配方中加水过多。而在全麦芽酿造配方中，麦汁原始比重低表明糖化效果较差。

■ 在酿造盒或麦芽浸出物酿造配方中，加水后对麦汁搅动不够，使糖分都沉在发酵桶底，从而导致液体表面比重太低。

■ 读取比重指数时，已发酵好的麦汁温度过高或过低。当麦汁达到设定的温度（一般为20℃）时，液体比重计会自动校准后读取数值。如果实际温度高于或低于设定的温度，则数值就不准确了。

（3）啤酒的保质期有多长?

一旦啤酒装瓶或装桶后，只要没有氧化，就可以一直保存，一般可以有数月之久。事实上，不少类型的啤酒会越久越醇。

（4）如何知道啤酒是否已经开始发酵?

一般投放酵母后24小时内，液体表面会出现一层浑浊的泡沫。这种现象在发酵时十分正常，并且可以保护啤酒免受杂菌侵染。观测发酵进行情况的最佳方法是用液体比重计读取麦汁比重，看其是否低于原始比重，如果48小时后，发酵仍未开始，确认温度是否正确，并根据需要进行调整。如果温度合适，那么你就需要投入更多的酵母。

（5）为什么我酿造的啤酒没有气?

啤酒没有气，是由于装瓶或装桶前加入发酵糖太少，或者因为保存温度不正确导致糖分无法发酵。如果你选择桶装，试试加入二氧化碳。如果依然没有气的话，检查酒桶盖是否漏气。

二、单位转化表

（1）体积

本书配方中的数值转换取近似值，比如：
23L/40pt（英制）/48pt（美制）
5gal（英制）/6gal（美制）

转换方式：

L（升）转换为fl oz（液盎司，英制）：	乘以35.195
L（升）转换为cups（杯，美制）：	乘以4.227
L（升）转换为pt（品脱，英制）：	乘以1.76
L（升）转换为pt（品脱，美制）：	乘以2.11
L（升）转换为gal（加仑，英制）：	乘以0.22
L（升）转换为gal（加仑，美制）：	乘以0.26

（如需进行其他转换，可参考本表）

（2）重量

转换方式：

g（克）转换为oz（盎司）：	乘以0.035
kg（公斤）转换成lb（磅）：	乘以2.205

（3）温度

转换方式：

℃转换成℉：	乘以1.8，再加上32
℉转换成℃：	减去32，再除以1.8

三、在线论坛

1.www.jimsbeerkit.co.uk

来自英国的人气很旺的自酿论坛，有很多有价值资源和不错的意见。

2.www.brewuk.co.uk/forums

位于英国的友好的自酿论坛，适合初学者。

3.www.homebrewtalk.com

来自美国的友好的自酿论坛，广受欢迎。

4.www.aussiehomebrewer.com

澳大利亚本地最大的自酿论坛。

四、实用网站

1.www.mrmalty.com

提供有用的酿造资源，特别是选择酵母及酵母扩培液的计算方法。

2.www.brewersfriend.com

提供在线计算、试算表以及制定配方等有用资源。

3.www.beersmith.com

提供可下载的软件，以及其他酿造信息。

4.www.beeralchemyapp.com

提供可下载的应用程序，用来制作配方并追踪原料订单。

5.www.beerlabelizer.com

提供一系列设计模板，帮助你定制个性化的啤酒标签。

6.www.morebeer.com

提供全面丰富的啤酒酿造原料及相关设备。

词汇表

辅料：不依靠酶而产生糖分的任意可发酵原料。

充氧：向溶液导入氧气，以促进发酵。

气塞：小型阀门式装置，可以在阻止空气进入的情况下，让二氧化碳从发酵容器中溢出。

酒精度(ABV)：酒精浓度，用每单位容量的啤酒中所含酒精的体积百分比来表示。

酒精度(ABW)：酒精浓度，指每单位容量的啤酒中所含酒精的质量以%（质量/体积）来表示。

爱尔啤酒：采用上面发酵酵母酿造的啤酒。

全谷物啤酒：用粉碎的大麦芽酿出的啤酒。

α酸：啤酒苦味的来源，煮沸时从酒花中释放出来。

外观发酵度：发酵时有多少糖分被发酵的百分比，可通过麦汁原始比重减去最终比重再除以原始比重来计算。多数啤酒的发酵度为60%~80%。

发酵度：糖分通过发酵转化成酒精后，麦汁比重的减少情况。

酒体：啤酒丰满度及口感的表述方式。

饱和二氧化碳：向啤酒中冲入二氧化碳气体的过程。

玻璃瓶：用于发酵和储存啤酒的一种容器，也叫玻璃坛，多为玻璃制成。

冷浑浊：麦汁煮沸和冷却时由其中的蛋白质引起的浑浊现象，在啤酒冷却时十分明显。

密闭式发酵：在装有气塞的发酵容器中进行发酵。

煮沸锅：煮沸器的别称，将麦汁与酒花一同煮沸。

冷凝固物：麦汁中的蛋白质聚集在一起，快速冷却时从液体悬浮物中析出后在桶底沉淀。

煮出糖化法：糖化的一种的方法。糖化时，取出部分醪液，单独煮沸后再倒入桶中，以提高温度。

双乙酰：发酵时产生的一种副产物，有奶油味或奶油糖味。

干投酒花：发酵结束后，直接将新鲜酒花加入发酵桶中，并浸泡若干天。

欧洲啤酒协会标准(EBC)：麦芽及啤酒色度的测量标准，数值越高，颜色越深。

酶：物质中起催化剂作用的蛋白质，可以引起多种化学反应。

酯类：发酵时，由酵母产生的水果味化合物。

浸出物：由已发芽的大麦或辅料产生的一种可溶性物质。

发酵气塞：参见气塞。

麦汁最终比重：发酵结束时麦汁的比重。

澄清剂：加入啤酒中的一种成分，用于去除蛋白质和酵母细胞，使啤酒更快澄清。

絮凝：发酵时，酵母细胞聚集并沉降的现象。

发芽：制麦流程的一部分，种子开始抽芽的过程。

比重：液体与水相比的相对密度。

嫩麦芽：干燥前，先浸渍并发芽的麦芽。

麦芽粉：谷物粉碎后的混合物，用于糖化。

酒花颗粒：由酒花球果粉压成的颗粒。

热凝固物：煮沸时，从悬浮物中凝固并分离出来的蛋白质。

液体比重计：用于测量比重的仪器。

国际苦味值(IBU)：酒花中α酸含量的标准测量值。

鱼胶：作为澄清剂加入啤酒中的

一种胶质状物质。

爱尔兰苔藓：一种澄清剂，在麦汁煮沸和冷却时，促使蛋白质从悬浮物中分离并沉降。

泡盖：发酵早期产生的浓厚泡沫层。

拉格啤酒：采用下面发酵酵母在低温下酿出的啤酒。

延迟期：投放酵母后，开始发酵前，酵母的繁殖期。

罗维朋色度：在EBC和SRM出现前常用的色度测量标准。

麦芽：在制麦过程中，用于浸渍、发芽和干燥的谷物（多为大麦）

麦芽浸出物：糖化时产生的甜味糖状浓缩溶液。

制麦：将谷物（多为大麦）转化成麦芽的过程。

麦芽糖：糖化时产生的糖类化合物，发酵时酵母的发酵物质。

糖化：用热水浸渍麦芽，并让谷物在酶的作用下分解成可溶性发酵糖的过程。

溶解度：用于糖化麦芽的溶解情况。

麦汁原始比重：发酵开始前麦汁的比重。

pH：用于测量溶液酸碱度的数值，数值从1到14，1表示酸度最高，14表示碱性最高。

接种：在发酵桶中加入酵母的过程，以开始前发酵。

前发酵：发酵最活跃的阶段，此时酵母将麦汁中的糖分转化成酒精和二氧化碳。

加入发酵糖：将啤酒装瓶或装桶前，加入发酵糖以提高二氧化碳含量的过程。糖分经过发酵，将二氧化碳溶解在啤酒中。

澄清絮凝剂：一种与爱尔兰苔藓相似的澄清剂。

倒罐：酒液在不同容器间转移的过程。

真正爱尔啤酒：没有饱和二氧化碳，直接从酒桶中取饮的啤酒。

唤醒：通过搅动或混合，以使酵母重新悬浮。

麦汁流出液：糖化产生的液体。

洗糟：糖化后，将糖分从谷物中冲洗下来的过程。

标准参考方法(SRM)：EBC的替换标准。

淀粉：多数植物的能量源。

酵母扩培液：投放酵母前制成的少量已发酵酵母，可增加酵母细胞的总体数量。

灭菌：杀死杂菌的过程。

目标温度：谷物与水混合后，进行糖化所需的目的温度。

单宁：谷壳和酒花中的常见涩味化合物。

冷凝物：发酵桶底的一层沉淀物，主要由蛋白质和已死酵母细胞组成。

麦汁：投放酵母前的甜味溶液，最终转化成啤酒。

索引

斜体页码为配方，配方的使用说明请参考第78~79页。

E

F

G

H

索引

作者简介

格雷格·休斯（Greg Hughes）是一位经验老到的自酿啤酒师和自酿业的领军人物，同时也是BrewUK网站（英国最大的自酿产品在线零售商和交流网站）的创始人和共同所有人。他联合英国多家知名商业酿酒商举办全国性竞赛，并通过不断的支持和产品研发来帮助各层次的自酿酒者提升他们的技术。格雷格在自酿酒的各个领域都具有丰富的经验，并专长于制作各式各样的爱尔啤酒。

致谢

作者致谢：非常感谢我的妻子塔尼娅（Tanya）和我的孩子里科（Rico）和梅西（Macy）。当我花费大量时间在车库里酿造啤酒时，如果没有他们的支持，我将没有机会完成这本书的写作。

DK出版公司致谢：感谢Longdog酿酒厂的菲尔·罗宾斯（Phil Robins）检查了本书中的配方；感谢托尼·布里斯科（Tony Briscoe）和兰·奥利里（Lan O'Leary）拍摄了照片；感谢唐伟（音译）（Wei Tang）制定了本书的提纲；感谢凯特·芬顿（Kate Fenton）进行图书设计；感谢克里斯·穆尼（Chris Mooney）和伊丽莎白·克林顿（Elizabeth Cliton）完成编辑工作；感谢简·班福思（Jane Bamforth）进行了文字校对。

图片来源：第14页右下方的“出自16世纪的木刻画”为J·阿蒙J.Ammon所作，来自于已出版的《酿酒的艺术》（ The Brewer's Art，作者B·梅雷迪思·布朗[（B.Meredith Brown）]一书。

警告：当你按照本书的说明进行酿造时，特别是煮沸和转移大量液体时，应当格外小心。出版方对因此发生的意外，不承担相关责任。